● 王成峰 著

Nihilism and Wisdom
On FENG Qi's Ethical Thought

虚无主义与智慧

冯契伦理思想研究

上海社会科学院出版社
SHANGHAI ACADEMY OF SOCIAL SCIENCES PRESS

图书在版编目(CIP)数据

虚无主义与智慧：冯契伦理思想研究 / 王成峰著. — 上海：上海社会科学院出版社，2023
ISBN 978 - 7 - 5520 - 4292 - 4

Ⅰ.①虚… Ⅱ.①王… Ⅲ.①冯契(1915 - 1995)—伦理思想—研究 Ⅳ.①B82 - 092

中国国家版本馆 CIP 数据核字(2023)第 252950 号

虚无主义与智慧——冯契伦理思想研究

著　　者：王成峰
责任编辑：邱爱园　刘欢欣
特约策划：黄曙辉
特约编辑：许　倩
封面设计：崔　明
出版发行：上海社会科学院出版社
　　　　　上海顺昌路 622 号　邮编 200025
　　　　　电话总机 021 - 63315947　销售热线 021 - 53063735
　　　　　https://cbs.sass.org.cn　E-mail: sassp@sassp.cn
照　　排：上海归藏文化传播有限公司
印　　刷：苏州市古得堡数码印刷有限公司
开　　本：710 毫米×1010 毫米　1/16
印　　张：12.5
字　　数：202 千
版　　次：2023 年 12 月第 1 版　2023 年 12 月第 1 次印刷

ISBN 978 - 7 - 5520 - 4292 - 4/B • 346　　　　　　　　　　定价：88.00 元

版权所有　翻印必究

上海市哲学社会科学规划青年项目
"冯契伦理思想研究"(2020EZX007)资助成果

目 录

导论 ··· 1
  一、面向虚无主义而思 ·· 2
  二、虚无主义的概念流变与问题逻辑 ······························ 4
  三、冯契对虚无主义的批判 ··· 20
  四、关于冯契思想研究的文献述评 ································ 25
  五、本书研究思路 ·· 27
第一章　冯契对中国社会虚无主义问题的批判 ··················· 30
 第一节　"虚无主义不等于虚无" ···································· 32
  一、虚无主义的积极意义与消极影响 ····························· 33
  二、虚无主义与否定、怀疑精神 ··································· 35
  三、克服虚无主义的新观点和新立场 ····························· 37
 第二节　"虚无主义是变相的独断论" ······························ 39
  一、时代的中心问题与虚无主义 ··································· 39
  二、近代哲学革命中的虚无主义问题 ····························· 40
  三、虚无主义与传统的天命论、独断论 ·························· 43
 第三节　"做戏的虚无党"与"无特操"的人格 ···················· 44
  一、虚无主义问题产生的人格根源 ································ 44
  二、"做戏的虚无党" ·· 45
  三、"无特操"人格与天命论、独断论的媾和 ··················· 47
 第四节　自我的觉醒与近代价值危机 ······························· 49
  一、现代性的扩张与中国近代的虚无主义 ······················· 49
  二、明清之际"个人"自我观念的启蒙 ··························· 52
  三、近代唯意志论思潮中的"自我"觉醒 ························ 54
 第五节　近代哲学变革中知识与智慧的割裂 ······················ 56
  一、虚无主义与近代理性启蒙 ······································ 57

二、明清之际的科学思维启蒙 …………………………………… 58
　　三、科学思维的兴起与知识、智慧的分裂 ……………………… 60
第二章　重拾"智慧"："智慧说"对虚无主义的根本拒斥 ………… 63
　第一节　"理智并非干燥的光" …………………………………… 65
　　一、走向广义的认识论 …………………………………………… 65
　　二、中国传统"智慧"学说对冯契的启示 ……………………… 67
　　三、实践唯物主义辩证法对冯契的影响 ………………………… 68
　第二节　认识过程的客观性对虚无主义的否定 …………………… 70
　　一、虚无主义与认识的感觉论问题 ……………………………… 70
　　二、"感觉能够给予客观实在" ………………………………… 72
　　三、理论思维对世界的把握 ……………………………………… 74
　第三节　"转识成智"对性与天道统一的肯定 …………………… 76
　　一、智慧、真理与转识成智 ……………………………………… 76
　　二、自然界及其秩序中人道与天道的统一 ……………………… 78
　　三、"四界说"对价值可能问题的回答 ………………………… 80
　第四节　"智慧说"的伦理意蕴与价值 …………………………… 83
　　一、冯契伦理思想的形而上学奠基 ……………………………… 83
　　二、"智慧说"对道德规范性问题的回答 ……………………… 85
第三章　重构合理的价值体系：自由劳动与真善美的统一 ………… 87
　第一节　合理的价值体系的构成原则与特征 ……………………… 88
　　一、评价与价值 …………………………………………………… 88
　　二、传统价值学说中的合理原则 ………………………………… 90
　　三、近代群己之辩对价值人道原则的确认 ……………………… 92
　　四、合理的价值体系的特征 ……………………………………… 93
　第二节　自由劳动是合理的价值体系的基石 ……………………… 94
　　一、自由劳动与理想 ……………………………………………… 94
　　二、自由劳动的三种对立形态 …………………………………… 97
　　三、自由劳动：从理想到现实 …………………………………… 100
　第三节　真善美的价值及其统一 …………………………………… 102
　　一、作为价值的"真" …………………………………………… 102

二、"善"与自由的道德行为 …………………………… 104
　　三、审美价值的道德意义 ……………………………… 106
　第四节　冯契价值理论的意义与贡献 …………………… 108
　　一、对狭义的道德价值论的超越 ……………………… 108
　　二、回应了关于道德行为的争议 ……………………… 110
　　三、建构了合理价值体系的理论基石 ………………… 112
第四章　重塑价值信念的人格载体：自由人格与德性自证 … 115
　第一节　人格与自由 ……………………………………… 116
　　一、人格的内涵 ………………………………………… 116
　　二、人生、理想与人格 ………………………………… 117
　　三、人的本质与自由 …………………………………… 119
　第二节　平民化的自由人格 ……………………………… 121
　　一、传统的"圣人"人格学说 …………………………… 121
　　二、近代对自由、个性、独立人格的追求 …………… 123
　　三、平民化自由人格的特征 …………………………… 124
　　四、平民化自由人格的培养途径 ……………………… 125
　第三节　化理论为德性与德性自证 ……………………… 127
　　一、化理论为德性与德性的本体论意涵 ……………… 127
　　二、德性自证及其个体性与历史性 …………………… 129
　　三、德性自证与知、意、情的统一 …………………… 131
　　四、真诚与德性自证的现实可能 ……………………… 132
　第四节　"德性自证"的理论启示与挑战 ………………… 134
　　一、德性本体对美德的超越 …………………………… 134
　　二、德性与德行的统一 ………………………………… 136
　　三、"自证"的难题与"理论"的局限 …………………… 138
结语 ……………………………………………………………… 141
　一、坚持马克思主义伦理观的底色 ……………………… 142
　二、发挥中国传统伦理的特色 …………………………… 144
　三、践行真诚的学问与做人的本色 ……………………… 145
附录一　中国社会的虚无主义问题及其研究 ………………… 149

一、"虚无主义"在中国的传播与流变 …………………………… 149
　　二、虚无主义与当代中国社会的精神困局 …………………… 153
　　三、国内虚无主义研究述评 …………………………………… 156
附录二　近代思潮中的"虚无主义"观念演变及解读 ……………… 160
　　一、近代思潮中对"虚无主义"观念的理解 …………………… 160
　　二、近代革命话语中的"虚无主义" …………………………… 168
参考文献 ……………………………………………………………… 175
后记 …………………………………………………………………… 187

导　论

　　冯契(1915—1995)是20世纪下半叶为数不多建构了具有原创性哲学体系的中国哲学家。20世纪科学主义与人文主义的紧张对峙,深刻影响了冯契的哲学探索之路,他将这一时代的中心问题具体把握为知识与智慧及其关系的问题,对此问题的思考贯穿了冯契哲学探索的始终,并最终建构出"智慧说"的哲学体系。在"智慧说"体系中,从实践唯物主义辩证法的立场出发,通过对中国传统哲学中有关"智慧"学说的发挥以及对西方近代认识论哲学的分析借鉴,冯契提出了"广义的认识论"。他把认识世界与认识自己相结合,认为认识世界和认识自己是一个相辅相成的辩证统一的过程,强调认识论、本体论、价值论的统一,并提出了"化理论为方法,化理论为德性"的哲学命题,从而弥合了知识与智慧之间的分裂,内在地回应了科学主义与人文主义的关系紧张问题。

　　冯契建构"智慧说"体系的问题起点是认识论,从认识论的角度看,"智慧说"体系超越了狭义认识论,走向广义的认识论,扩展了认识论的"形上进路"[1]。而广义认识论对狭义认识论的超越,背后正呈现出一种深刻的伦理之思,尤其体现在他对人的自由、品格、德性的强调中,可以说,整个"智慧说"体系都展现出冯契哲学强烈的实践品格和深刻的伦理关怀。因而,从伦理学的角度看,"智慧说"体系呈现了冯契的一种"大伦理观",即他不是局限于谈论道德规则和美德,而是在广义认识论的视域中思考伦理问题,在价值论的视域中来思考道德问题,表现了对狭义的道德哲学思考或理论实践相分离的伦理思考的超越。冯契伦理思想呈现出的根本特征就在于坚持了认识论、本体论、价值论的统一,他对道德问题的思考(直接表现为对"善"的价值的相关论述)也与"真"和"美"的价值问题密不可分。这对过分强调道德规范的当代伦理学思考极具启发意义,从这一角度看,研究冯契的伦理思想无疑具有重要的理论意义和学术价值。

---

[1] 郁振华:《扩展认识论的两种进路》,见杨国荣主编:《追寻智慧——冯契哲学思想研究》,上海:上海古籍出版社,2007年。

当前，明显可以归类为对冯契伦理思想的研究，大多都是关注了冯契哲学思想中某些具有典型伦理学特征的概念或问题，比如对冯契人格理论的研究、对冯契德性思想的研究，等等。这些研究有助于我们理解和把握冯契在相关问题上的研究推进，而要对冯契伦理思想有一种统观性的整体把握，相关的研究还有很大的探索空间。而冯契伦理思想坚持认识论、本体论、价值论相统一的特征，决定了要在整体上把握和理解冯契伦理思想就必须回到对冯契哲学的统观中，而不能局限于对他思想中某些具有典型伦理学特征的概念的研究。

本研究拟从冯契对虚无主义批判的角度来整体呈现和分析冯契伦理思想。虚无主义是科学主义与人文主义之内在冲突所呈现出的现实问题，因而，冯契哲学思想内在地也表现了一种面向虚无主义之思，而且虚无主义本身也是当代伦理学和社会的重要挑战。从应对虚无主义的角度出发，我们可以看到冯契的"智慧说"体系如何在认识论、价值论和人格论上作了具体的发挥，既为我们在一种较为整体的意义上来把握和认识冯契的伦理思想提供了可能，同时也反映了冯契伦理思想回应时代伦理问题的理论活力。

一、面向虚无主义而思

虚无主义不仅是当代社会面临的现实的道德挑战，而且也是当代伦理学研究所面临的核心问题之一。伴随着现代性反思的持续扩展和深化，虚无主义逐步走到了现代哲学的舞台中央，不仅集中体现了现代人精神生活所面临的困境，而且也成了现代文明面临的最严厉指责之一。现代性造成的虚无主义本质上是价值的虚无，它直接呈现为旧的价值体系崩塌而新的价值体系又未能建立的价值真空状态，并现实地表现为社会的道德危机。近些年不断发生的许多引发热议的跌破社会道德底线的事件，恰是虚无主义的幽灵四处游荡的真实写照，享乐主义、拜金主义、权力崇拜等现象根本上也都是虚无主义的表现。

从深层上看，现代性造成的虚无主义不只是因为现代性导致了旧的价值体系的崩溃，而是它消解了价值本身，是使"价值"虚无，这才是现代性造成的虚无主义的真正逻辑。伴随着启蒙运动而起的理性和科学主义思维的勃兴，不仅直接导致了神圣价值权威的失落，而且使得近代认识论哲学中知识与智慧之间割裂开，进而使事实与价值之间关系的问题突显出来，实际上就是休谟问题，这成了近代以来伦理学讨论中基本的问题之一。如何重建价值或道德的可靠基础，或者说如何回应虚无主义，也成了现当代伦理学面临的重要挑战。

作为现代性批判的重要概念,"虚无主义"一般会被追溯到德国哲学家弗里德里希·尼采,尽管虚无主义概念最早并不是由他提出的,但虚无主义之所以成了对现代性进行反思的关键词,是因为尼采对虚无主义的哲学阐释无疑扮演了极为重要的角色。尼采主要在价值—伦理层面上对虚无主义与现代性的关系进行了分析,他用一句"上帝死了"宣告了欧洲虚无主义时代的到来。实际上,在尼采那里,虚无主义并不是"现代"①才发生的事情——如果说是的话,则在于尼采重新定义了现代性的时代开端——而是欧洲精神文化根深蒂固的本质,是"欧洲历史的基本运动",代表了肇始于柏拉图主义的超感性领域的崩溃进程。

尼采的观点提醒我们,虚无主义就其作为现代性的问题而言,首先应该被置入欧洲社会文化历史的特殊背景去理解。就此而言,虚无主义之于现代性似乎就是特殊的。如果说我们还可以用理性、平等、自由等现代性理念来指陈中国正在发生着的现代性的事实的话,那么在一个"基督教上帝"从来没有占据过统治地位的中国社会,我们又何以能用虚无主义来指陈中国现代性的境遇和问题呢?正如有学者指出,"只有当虚无在实践意义上构成一个民族在特定历史处境、时代中的集体性社会认知和深刻的记忆时,具有文化奢侈品标志性意义的虚无主义,才能获得'出场'的逻辑前提。否则,我们可能是对变化了的复杂多样的中国社会精神气质的一定程度的带有主观随意性的误读"②。或许某些用"虚无主义"来指陈中国社会中存在着的一些问题的说法,的确存在着某种程度上的对中国社会精神气质的主观误读,但是,将这些对"虚无主义"的运用判断为一种"误读"的根据,很大程度

---

① 关于现代性的历史界定实际上并没有确切的定论。"现代性概念很大程度上来自法兰克福学派,特别是来自马克思·霍克海默和西奥多·阿多诺的启蒙辩证法。"而对"现代性的时代开端,大多数论者把时间定在欧洲18世纪后期,如格里芬就把它确定为'历史意识的反省模式'的出现,这种模式使法国大革命针对传统而进行的基础主义战争合法化'",这实际上是将现代性等同于18世纪启蒙运动以来理性占据价值统治地位的时代。而尼采则将现代性的起源大大前置了,他把"西方历史划分为两个主要时期:前苏格拉底古希腊文化的'悲剧'时期和以作为'理论性的人'第一个化身的苏格拉底为开端的'现代'时期,这种'理论性的人'视理性为理解世界的唯一途径"。受益于尼采,海德格尔也做了类似的区分。(沙恩·韦勒:《现代主义与虚无主义》,张红军译,郑州:郑州大学出版社,2017年,第2—3页)所以尼采哲学及其现代性批判在西方哲学中地位非常特殊,海德格尔认为他实现了"从现代的准备性阶段向现代之完成的过渡",哈贝马斯认为他开启了"后现代性的开端"。[陈嘉明:《现代性的虚无主义——简论尼采的现代性批判》,《南京大学学报(哲学·人文科学·社会科学)》2006年第3期。]
② 袁祖社:《"虚无主义"的价值幻象与人文精神重建的当代主题——"私人性生存"与"公共性生存"的紧张及其化解》,《华中科技大学学报(社会科学版)》2009年第1期。

上也可能是我们从某种对"虚无主义"的既成观点观察的结果。所以,一个首先应该追问的问题是"什么是虚无主义"。而且,一个无法回避的现实是,人们已然在大量运用虚无主义的概念来指陈中国社会中存在的某些问题了。因而,重要的不仅是我们何以可用"虚无主义"来指陈中国社会的问题,而且如何来理解这些既有对"虚无主义"的运用,或者说尽管我们"误用"了虚无主义,这些"误用"究竟指陈了中国社会中存在的哪些问题,也是需要厘清的问题。

因此,对中国的研究者来说,"面对虚无主义"实际上就有了两层意涵:一是面对关于"虚无主义"的已有运用,更准确地说,是面对当代中国社会中已经充斥着的大量关于虚无主义话语运用的事实,尽管这种运用可能已经脱离了虚无主义概念的原生意涵,但是如果笼统地将这些都归为对"虚无主义"的"误读"而忽略不顾的话,那么我们关于"虚无主义"与中国现实之间关系的认识就存在片面化的风险;二是面对中国社会可能存在着的"虚无主义"的现实境遇,也即那些可能并没有直接用虚无主义概念来描述,但却是实际的虚无主义的问题,就此而言的"虚无主义"正是"具有文化奢侈品标志性意义的虚无主义"。前者为我们提供了具体地理解"虚无主义"与我们自身关系的可能,这种可能性的意义并不在于虚无主义概念如何准确地描述了我们自身,而在于我们运用虚无主义这一概念如何表达了自身的目的以及表达了何种目的;后者则为我们提供了理解虚无主义概念的坐标,只有这样我们才能在更普遍的意义上把握虚无主义与现代性发生意义上的中国社会之间的深刻联系。对前者,我们需要关注虚无主义概念传入中国以后,中国人对它的实际理解和运用,因而偏重一种观念史的解读视角;对后者,首要的是面向虚无主义概念本身的思考,这是面对虚无主义元概念或元问题的思考,可以说是侧重面向问题自身的思考。面对虚无主义,观念史的研究进路与直面问题的研究进路都是重要的,我们需要把二者结合起来进行思考。①

二、虚无主义的概念流变与问题逻辑

当我们用虚无主义来指陈中国社会中存在的一些问题时,或者当我们说这

---

① 从这两个角度对虚无主义问题的一般思考,可以参考附录《关于虚无主义问题的研究述评》。其中,第一部分"虚无主义的概念流变与问题逻辑"主要关注了对虚无主义元概念或元问题的研究,详细梳理了对虚无主义概念的理解,并特别从知识与智慧分裂的角度分析了虚无主义何以成了贯穿近代欧陆哲学的核心问题;第二部分"中国社会的虚无主义问题及其研究"则主要分析了中国社会语境中对虚无主义观念的理解,以及虚无主义作为现代性的问题与中国社会实践之间的关系,并对当前国内学界对虚无主义的研究文献作了述评。

些指陈中对虚无主义的运用是某种程度的"误读"时,一个首先需要面对的问题就是,什么是虚无主义?恩斯特·荣格曾经指出:"一个关于虚无主义的完美定义就相当于揭示癌症的病因。"[①]这既突显了关于虚无主义定义的重要性,对虚无主义的定义是虚无主义问题研究的最为关键的一部分,同时显示了对虚无主义准确定义的困难或者说不可能。实际上,我们越是急迫地想要去掌握什么是虚无主义,反而越会深刻地感受到虚无主义是如此难以把握,越是更多地了解虚无主义,虚无主义的形象反而变得越模糊不清。严格来说,我们现在还缺乏关于虚无主义的统一的定义。有关虚无主义,我们所能找到的大多是在不同哲学著作版本中呈现出来的形形色色的解释,这些解释有的是从一种抽象概括的角度做出的,有的是关注到了虚无主义在某些历史片段中呈现出的特征,还有的则是呈现了某些哲学家特定角度的理解。而且这些对虚无主义的解释有时候是如此含混不清且彼此间充满分歧,以至于试图从中进行弥合的尝试很可能成为徒劳。然而,这也使得厘清虚无主义的概念显得越发重要了,通过对虚无主义概念的清理,某种程度上可以确定我们理解和言说虚无主义的语义坐标,或者至少可以使本研究关于虚无主义的运用意涵显得更清晰一些。

(一)虚无主义概念的内涵及其语境类型

"虚无主义"(nihilism)一词源于拉丁文"nihil",意思是"什么也不是,虚无;不存在的东西"。从词源上看,虚无主义与"虚无""无"有着内在的联系,很多工具书对虚无主义概念的解释都关注到这一点,例如在《牛津哲学词典》中,虚无主义被解释为:"一种主张'无',不效忠于任何国家、信仰或个人,没有目的的理论立场。"[②]但是哲学上"无"本身就是一个内涵极其复杂的概念,而且从"无"到"虚无主义"之间存在着巨大的概念跨度,单是从"无"来看,我们很难来准确把握和分析"虚无主义"的内涵。"虚无主义"之主张"无",更多地代表了一种否定性立场,在尼古拉斯·布宁和余纪元共同编写的《西方哲学英汉对照词典》中就定义"虚无主义"是"一种主张没有可信的东西和没有有意义的区分的理论。"[③]《简明不列颠百

---

① 参见 Helmut Thielecke. Nihilism: Its Origin and Nature, with a Christian Answer, trans. John W. Doberstein, New York: Schocken Books, 1969, p.115。转引自凯伦·L.卡尔:《虚无主义的平庸化》,张红军、原学梅译,北京:社会科学文献出版社,2016年,第24页。
② Oxford Dictionary of Philosophy. Shanghai: Shanghai Foreign Language Education Press, 1996, p.263.
③ 尼古拉斯·布宁、余纪元:《西方哲学英汉对照词典》,北京:人民出版社,2001年,第679页。

科全书》对虚无主义的定义则接近于一种实证主义的立场:"虚无主义哲学从根本上否定任何形式的审美观念,主张功利主义的科学的理性主义。它只相信科学真理,认为只有科学能解决社会问题。虚无主义视无知为万恶之源,唯有科学能战胜无知。"①而在珍妮弗·斯皮克主编的一本英国《哲学辞典》中则以俄国作家屠格涅夫小说《父与子》中的主人公巴扎洛夫来描述虚无主义者的形象:"这一人物成为整整一代人的榜样,他们除了科学、唯物主义、革命和抽象意义的人们之外,偏激地一无所信。"②这种描述实际上也近似于实证主义者的形象。

哲学家们对虚无主义的使用和界定也并不统一,而且越是在重要的哲学家那里,这种分歧就显得越明显。在《德国虚无主义》一文中,列奥·施特劳斯(Leo Strauss)明确说他无法回答什么是虚无主义这一问题,而在他试图给出的解释中,则将虚无主义视为是德国的特殊现象,并认为对现代文明的否定是德国虚无主义的本质。加缪则认为,"绝对的虚无主义"代表了"对待生活的极端冷漠"的态度,而这种态度很容易导致逻辑性的自杀。③ 雅斯贝尔斯指认,"虚无主义是一种为寻求真实存在所需要的一种解脱"④。而在揭示虚无主义最为深刻的两大哲学家尼采和海德格尔那里,虚无主义则分别意味着"最高价值的得自行罢黜"和"形而上学"。

面对"虚无主义"复杂多样的用法和内涵,当代的研究者们几乎很少有人再试图将"虚无主义"作抽象的统一界定,而更多地在限定的意义上对虚无主义进行理解,即对"虚无主义"的言说和理解取决于它所运用的语境,于是就有了不同概念层面意义上的"虚无主义",也即对虚无主义语境类型的不同划分。

在《西方哲学英汉对照词典》中,"虚无主义"被分为"形而上学的""认识论的""伦理的"和"政治的"四种类型,"形而上学的虚无主义,认为世界和人生没有我们假定它们具有的价值和意义;认识论的虚无主义,坚持没有任何知识是可能的;伦理的虚无主义,提出不存在任何能为绝对的道德价值辩护的基础;政治的虚无主义,建议任何政治组织必是腐败的。"⑤

---

① 《简明不列颠百科全书》(第八卷),北京:中国大百科全书出版社,1986年,第705页。
② Jenifer Speake, ed. A Dictionary of Philosophy, London:Pan Books, Ltd. 1979. p. 249.
③ 转引自凯伦·L.卡尔:《虚无主义的平庸化》,北京:社会科学文献出版社,2016年,第25页。
④ 雅斯贝尔斯:《智慧之路》,柯锦华、范进译,北京:中国国际广播出版社,1988年,第24页。
⑤ 尼古拉斯·布宁、余纪元:《西方哲学英汉对照词典》,第679页。

在《荒诞的幽灵：现代虚无主义的来源与批判》一书中，美国学者唐纳德·克罗斯比(Donald A. Crosby)则区分了政治的虚无主义、道德的虚无主义、认识论的虚无主义、宇宙论的虚无主义和存在主义的虚无主义。克罗斯比认为，"虚无主义"总是"意味着否定或拒绝，而且每一种类型的虚无主义都在否定人类生活的某一方面"[1]。他认为19世纪后半叶俄国虚无主义者的表达是政治的虚无主义，它"否定我们生活于其中的政治结构，以及表现这些结构的社会和文化。很少有甚至没有建设性的替代方案或改进计划"；道德虚无主义则"否认道德责任的意义、道德原则或道德观点的客观性"，主要包括非道德主义道德("反对任何道德原则，决心没有道德地生活")、道德主观主义("一种认为道德判断只是个人的和随意的理论，它不承认理性的辩护或批判")和利己主义("一种认为任何个体的全部义务就是关心他自己的理论")三种形式；认识论的虚无主义则"否认任何真理或意义这样的东西能够被严格定义，他们要么相对于某一个单一的个体性的群体有意义，要么只属于某一概念框架"，其主要表现为两种形式："第一种宣称真理完全与某些特殊的个体或群体相关，而第二种认为语义的可理解性只与自我控制、不可通约的概念架构相关"；宇宙论的虚无主义则"否认自然的可理解性或价值，认为它对人类的关切漠不关心或充满敌意"，它"宣称宇宙的无意义，要么绝对否定宇宙的可理解性和结构的可知性，要么相对否定它会提供人类渴望的价值和生存意义"，并认为叔本华、尼采、罗素是此种意义上的虚无主义者；而存在主义的虚无主义则"否定生活的意义"，"判断人的生存是无意义的和荒诞的，它一无所获，它的总和是空无"，并认为叔本华、托尔斯泰和加缪等表达了存在主义的虚无主义立场。[2]

在《虚无主义的平庸化》一书中，美国学者凯伦·L.卡尔(Karen L. Carr)则对虚无主义做了稍微不同的区分，她把虚无主义分为认识论、真理论、形而上学或本体论、伦理或道德、存在主义或价值论五种形式，其中"认识论虚无主义是对知识可能性的否定"、"真理论虚无主义是对真理的现实性的否定，它通常声言'不存在真理'"、"形而上学或本体论虚无主义是对(独立存在的)世界的否定，它的典型言论是'没有什么是真实的'"、"伦理或道德虚无主义是对道德或

---

[1] 沙恩·韦勒：《现代主义与虚无主义》，郑州：郑州大学出版社，2017年，第9页。
[2] 参见余虹：《虚无主义——我们的深渊与命运？》，《学术月刊》2006年第7期。

伦理价值的现实性的否定,它的代表性口号是'没有善',或者'所有的伦理主张都是同样正当的'"、"存在主义或价值论虚无主义是对虚无和无意义的感受,它追随的口号是'生活没有意义'"。① 与克罗斯比的不同之处在于,"她对否定知识的可能性和否定真理的可靠性(这两方面都受到克罗斯比模式中的认识论虚无主义的影响)的区分上,也表现在她把形而上学虚无主义(本体论虚无主义)视为对任何独立存在的世界的否定这一点上(这一观念不属于克罗斯比模式)"②。而更重要的一点是,她的研究展示了,"虚无主义如何从一个必须逃避的东西,变成了一种对人类生活的彻底解释性特征所做的相对无害的描述。"③

美国学者尤金·诺斯(Eugene Rose)在《虚无主义:现代革命的起源》一书中则将虚无主义划分为自由主义、实在主义、生机主义和毁灭主义四种主要形态。他在研究中指出,自法国大革命以来,虚无主义就开始在西方历史上扮演中心角色,这四种形态代表了自法国大革命以来直到国家社会主义的西方虚无主义的辩证发展,并指其有一种共同的精神意向就是对传统真理信念的否定。荷兰社会学家约亨·古德斯布洛姆(Johan Goudsblom)在著作《虚无主义与文化》中则指出虚无主义存在不严肃的使用和严肃的使用两种不同的用法,前者主要是日常辱骂性的和意识形态意涵上的,而后者主要是哲学家、思想家在学理上的使用方法,不过二者都将虚无主义看作是无信仰、无权威和非历史的理性主义;迈克尔·吉莱斯皮(Michael Gillespie)在《尼采之前的虚无主义》一书中区分了"虚无主义"与"显言的虚无主义",前者主要是指自14世纪唯名论关于上帝的理解的讨论开始直至尼采的贯穿整个近代欧陆哲学的问题传统;而"显言的虚无主义"则主要是指尼采及其之后直接针对"虚无主义"这一概念术语展开的探讨和研究。

国内的一些研究者在综合国内外研究的基础上,也从理论上对虚无主义进行了类型划分。刘森林用"三个语境、四个类别"对虚无主义做了区分,"三种语境"分别指:施特劳斯所说的作为特殊的德国现象的虚无主义;尼采所谓的柏拉图主义,即超感性王国遭废黜的观点;完全否定了现实世界而褒扬灵性世界的诺斯替主义。他认为这"三个语境"分别代表了"在道德价值层面否定现代文明的

---

① 凯伦·L.卡尔:《虚无主义的平庸化》,第26—27页。
② 沙恩·韦勒:《现代主义与虚无主义》,第10页。
③ 凯伦·L.卡尔:《虚无主义的平庸化》,第13页。

虚无主义"、"否定超感性价值的虚无主义"、"否定所居现实世界的一切存在之价值的虚无主义",而且"三个意义上的虚无主义对现实世界的否定分量依次越来越重,适用范围也依次越来越大(从德国到欧洲再到欧亚非三大陆)"①。而所谓"四个类别"则是指在"三个语境"之外还存在一种"否认一切存在之真实意义与价值的彻底虚无主义",但他同时强调指出,不论从哪一个方面出发,现实中价值和意义方面的虚无才是虚无主义关注的重点,也是在当代关注虚无主义问题的意义之所在。邹诗鹏教授则依据主体性基础及其功能将虚无主义分为大众情绪上的虚无主义、存在于社会文化思潮中的价值虚无主义和哲学虚无主义三个层次,并根据价值虚无主义思潮在中国社会具体呈现出的状况,把价值虚无主义细分为四种类型,即历史虚无主义、人类虚无主义、民族虚无主义以及集体虚无主义。作为哲学意义上的虚无主义则主要是指存在论的虚无主义,并认为:"哲学虚无主义的研究,除了学术意义外,便是为思潮意义上的虚无主义研究与批判提供了一种病理学的分析资源。"②马新宇则提出了虚无主义的"四模式"说,他认为历史上关于虚无主义概念的使用先后出现了认识论模式、审美论模式、价值论模式和存在论模式。他指出,"哲学上对虚无主义概念的第一次使用就发生在认识论方面",所谓"认识论模式的虚无主义"是指用虚无主义的概念来指称"在认识的标准、来源以及认识过程等问题上以无为取向或必然导向无的某种哲学";"审美论模式的虚无主义"主要是"在早期浪漫主义文学中,虚无主义被塑造为一种美的标准或者境界,因而成为一种艺术范畴",并认为虚无主义在审美论中具有积极的意义;"价值论模式的虚无主义"常常是将虚无主义刻画成一种价值观,或者说这种价值观的内容就是虚无主义的,这也是虚无主义最常被使用的一种模式;"存在论模式的虚无主义"主要就是海德格尔主张的虚无主义,传统形而上学的本质就是虚无主义,是对"存在"的遗忘。③

关于虚无主义内涵的解释以及语境类型的划分,已经在某种程度上展现出了虚无主义概念的复杂性,而从中试图简单得到对虚无主义的统一的把握总是存在着遗漏某些观点的风险。而且关于虚无主义研究的争论还在持续之中,因而重要的不是给虚无主义盖棺定论,重要的是由此消除我们关于虚无主义的某

---

① 刘森林:《物与无——物化逻辑与虚无主义》,南京:江苏人民出版社,2013年,第37页。
② 邹诗鹏:《虚无主义研究》,北京:人民出版社,2016年,导论第8页。
③ 参见马新宇:《辩证法与价值虚无主义》,北京:中国社会科学出版社,2015年,第2—17页。

些刻板印象，从某一关于虚无主义的既成观点出发去评论现实中对虚无主义的运用是否是一种"误读"，本身就可能是片面地认识和理解了虚无主义。因此，对虚无主义这一概念的运用需要更加审慎，必须是在某种限定中去谈"虚无主义"。或许当我们了解了虚无主义这一术语生成和发展的历史之后，关于"虚无主义"认识上的诸多分歧反而更容易被理解，这些分歧某种程度上反映了哲学家或研究者们对虚无主义概念自身发展的不同历史时期的认识。因而，对虚无主义这一术语本身提出和运用的历史考察就显得尤为必要了。

（二）虚无主义概念的历史流变

关于虚无主义这一术语是由谁首次提出的也存在争议，不过可以确定的是这一术语是在18世纪后期才出现的，而这也是欧洲启蒙运动开启的时代。在《虚无主义与文化》一书中，古德斯布洛姆考察了"虚无主义"的历史起源，并指出在法国大革命时期最早出现了对"虚无主义"一词的使用，意指某种政治上不偏不倚的人或不相信任何事情的人，具有辱骂性的意味。[①] 安德鲁·吉布森（Andrew Gibson）也曾指出法国大革命是对"虚无主义"的第一次重要的历史经验，认为是让－巴蒂斯特·克鲁特斯（Jean-Baptiste Cloots）第一次开启了虚无主义在政治中的运用，在克鲁特斯在1793年10月26日发表的一个简短文本中曾指出："一个超越有神论和无神论的共和国是虚无主义的：'强调人权的共和国所说的话，既不是有神论的，也不是无神论的，而完全是虚无主义的。'"[②]从克鲁特斯言及虚无主义的话语中不难发现，虚无主义在政治话语中的这种运用是与神学话语捆绑在一起的。

在其他针对虚无主义概念的历史考察中，"虚无主义"这一术语就被认为最开始是在神学中运用的。在《巴黎大学史：从起源到1600年》（事实上，这部著作比吉布森所说的克鲁特斯文本早三十年发表）中，让－巴蒂斯特－刘易斯·克雷威尔（Jean-Baptiste-Louis Crevier）在该书的第一卷里使用"虚无主义"这个术语指责12世纪经院神学家彼特·伦巴第（Peter Lombard）的作品是一种源自异端的思想。伦巴第认为，"既然耶稣基督是一个人，那么他就不是某物（something），换句话说，他只是虚无（nothing）"。克雷威尔则指出："这个命题是令人震惊的，但是他（伦巴

[①] Johan Goudsblom. Nihilism and Culture. Oxford: Basil Blackwell, 1980, p.3.
[②] 参见沙恩·韦勒：《现代主义与虚无主义》，第15—16页。

第)的一些信徒支持这一命题,并且形成了虚无主义者的异端思想,正像这一命题被称呼的那样。"①不论是圣·维克托还是伦巴第,在他们那里虚无主义表达的都是基督的人性的虚无,而在克鲁特斯关于虚无主义在政治话语中的运用,实际上也只是在反神学的意义上与政治相关,意味着狂信的无效和无价值。

  根据海德格尔的考证,在哲学层面上,"虚无主义"一词的使用是从德国哲学家弗里德里希·海因里希·雅克比(Friedrich Heinrich Jacobi)那里开始的②。在1799年发表的《致费希特的信》中,雅克比指责费希特的唯心论立场是虚无主义的,用以抨击先验唯心主义这一在18世纪末19世纪初颇为流行的哲学派别可能造成不良后果。在雅克比看来,费希特哲学中主张的"绝对自我"概念,允许自我之外或离开自我就无物存在,这实际上隐含着过分关注知识产生的可能性的主观条件而把外部世界消解为意识性的"空无"的趋向,更甚者,它导致了一种贫瘠的自我主义,不仅没有了关于客体的知识,而且消解了主体自身,自我本身仅只成为自由的想象力的产物。③ 显然,对雅克比来说,虚无主义具有强烈的谴责的意味,与其说虚无主义是意味着一种立场,倒不如说它意味着一种立场的失败或无效。恰如先验唯心论在那个时代的流行,与雅克比同时代的很多哲学家也曾用虚无主义对唯心主义发出指控,视虚无主义为对最高秩序的一种哲学控告④。尽管在当代黑格尔研究权威弗雷德里克·C.拜塞尔(Fredrick C. Beiser)看来,"克服虚无主义恰好构成了黑格尔哲学的逻辑起点"⑤——黑格尔把"无"纳入了自己的哲学概念体系中,并且把认识"无"当作了哲学的最重要工作——但在雅克比所处的时代,黑格尔也在众多受控告的哲学家之列,当时的德

---

① 沙恩·韦勒:《现代主义与虚无主义》,第16页。
② 海德格尔:《尼采》(下),孙周兴译,北京:商务印书馆,2010年,第716页。也有研究指出"虚无主义"在哲学上的最早使用可以追溯到雅克比之前的丹尼尔·耶尼施(D. Jenisch)等人,但是虚无主义在哲学上的使用更多是通过雅克比而被广泛认识的,从这一点来说,海德格尔的考证恰恰代表了对哲学中虚无主义运用起源的主流认识。
③ 参见西蒙·克里奇利:《解读欧陆哲学》,江怡译,北京:外语教学与研究出版社,2013年,第176页。
④ 在《虚无主义的平庸化》中,凯伦·L.卡尔对此有更多说明,提到"弗里德里希·科本(Friedrich Koeppen)把雅克比对费希特的批评扩展到谢林那里。1828年,威廉·特劳戈特·克鲁格(W. T. Krug)进一步扩展了唯心主义与虚无主义的关联,他认为唯心主义者的思想开端必然是虚无主义,而且他们不可能走出虚无主义"。凯伦·L.卡尔:《虚无主义的平庸化》,第20页。
⑤ 邓先珍:《黑格尔与作为隐秘虚无主义的现代性》,《现代哲学》2011年第2期。

国宗教哲学家克里斯丁·赫尔曼·魏塞(Christian Hermann Weisse)在其著作《神性理念》(1833)中就指责黑格尔是虚无主义的牺牲品,用以批评黑格尔对虚无主义的妥协态度。总的来说,这一时期对虚无主义的运用主要用以指涉这样的观点或主张,即消解或否认意识之外独立存在的世界的可能或者像黑格尔说的绝对的空无,主要还是局限在认识论论域中;就对"虚无主义"一词运用的态度看,主要是在消极意义上的,是需要避免和否定的东西。

虚无主义概念的广泛流行则主要得益于屠格涅夫[①]。19世纪60年代,随着屠格涅夫的小说《父与子》的问世,虚无主义在俄国流行开来,小说中的主要人物巴扎洛夫代表了虚无主义者的典型性形象,虚无主义者被描述为:"那些不服从任何权威,不信仰任何原则的人,不管这些原则受到怎样的尊重。"[②]在巴扎洛夫对俄国传统价值和秩序的否定中,始终伴随着的是一种激进的唯科学主义的态度,他并非什么都不信,而是对非亲身所经历和验证的一切事物保持怀疑和否定的态度;他所使虚无的只是艺术、宗教等非科学的价值,在科学价值上他恰恰持一种肯定的态度,因而在实际上是一种实证主义态度的体现。19世纪中后期,虚无主义在俄国文学中产生了深刻的影响,出现了赫尔岑、车尔尼雪夫斯基、皮萨列夫等一批虚无主义文学家,同时还出现了一批反虚无主义文学家,像陀思妥耶夫斯基、斯特拉霍夫、卡特科夫、皮谢姆斯基、列斯科夫、冈察洛夫等[③]。并且,虚无主义的影响很快就超出了文学的范畴,与当时的无政府主义主张混淆在一起,与暗杀、革命等政治领域的行动联系在一起,深刻地影响了当时俄国的社会革命,与现实的社会革命的关联也成了俄国虚无主义最显著的特点。总的来看,借由虚无主义,俄国的思想家们表达了他们对于现代化过程中俄国传统价值命运的复杂态度:很多人骄傲的标榜自己是虚无主义者——就像巴扎洛夫,尽管

[①] 需要指出的是在俄国"虚无主义"的最早使用者并不是屠格涅夫,蒋路在《俄国文史采微》中就指出:"'虚无主义'和'虚无主义者'并非屠格涅夫首创,而是来自西欧的古老的词,1829年由知名学者和评论家尼·纳杰日津在俄国文学界率先使用……从30—50年代的一般俄国文学论著中也可以看到这个词,但意思不甚明确。在纳杰日津、语言学家彼·比利亚斯基和社会学家兼文学家瓦·别尔雅的笔下,虚无主义和极端怀疑论同义;按尼·波列沃伊和米·卡特科夫的界说,则是指与神秘主义相对立的唯物主义。"参见蒋路:《俄国文史采微》,北京:东方出版社,2003年,第64—65页。

[②] 屠格涅夫:《父与子》,张冰、李毓榛译,北京:中国画报出版社,2016年,第26页。

[③] 参见朱建刚:《十九世纪下半期俄国反虚无主义文学研究》,北京:北京大学出版社,2015年,第1—16页。

在《父与子》中对他的形象刻画有时候很难让人产生好感，但虚无主义确有一种自我宣称的革命彻底性——虚无主义一时成了凝聚共识的革命观念；而另外更多的人则表达了对虚无主义的担忧，虚无主义成了批评者对那些自我宣称是虚无主义者的谴责和讽刺①，就像陀思妥耶夫斯基在《群魔》中刻画的基里洛夫的形象，虚无主义的立场实际上就是"逻辑的自杀"。

尽管在革命的狂热中，对俄国虚无主义的理解经常过于局限在无政府主义的视域中而显得平庸化了，但这却不能掩盖其中的虚无主义价值面向的主张，即否定"所有建立在传统、权威以及其他任何特定的有效价值基础上的东西"。而这实际上直指对上帝信仰的丧失，某种程度上也呼应了虚无主义最早在神学领域中颇有争议的使用。关于虚无主义在价值方面的指陈，19世纪的哲学家中很少有比尼采更为深刻的，而且尼采对虚无主义的理解和认识，可以说对其之后哲学家们对这一术语的把握和使用产生了深刻影响，成了我们当代理解虚无主义概念的重要基础。

尼采关于虚无主义最令人振聋发聩的说明无疑是"上帝死了"。"上帝死了"主要意味着由传统形而上学和基督教所虚构的超感性世界所确立的价值领域的自行坍塌，它的直接后果就是信仰沦丧导致了个人精神的空虚和生命意义的虚无，而导致这一后果的直接原因则与欧洲近代科学与理性的发展紧密相关。除此之外，虚无主义在尼采那里还有另一层含义，"上帝死了"可以说是最显见的虚无主义情形，而实际上对"上帝"的信仰本身也是一种虚无主义，前者是信仰上的虚无，后者则意味着对虚无的信仰，是更深刻意义上的虚无主义，它根源于柏拉图主义，而基督教本质上只不过是作为民众的柏拉图主义而已。在尼采看来，上帝的概念只不过是一种与生命相对立的发明，而真正有资格充当最高价值的只应该是生命本身，把"上帝"作为最高价值是对生命价值的僭越，从而意味着生命这一最高价值的丧失，虚无主义最本真的意义正是如此。就此而言，尼采实际上将基督教、佛教、柏拉图主义以及全部的唯心论哲学都称为是虚无主义的。然而，只要作为超感性价值的"上帝"这一最高价值还没有丧失它的地位，

---

① 在巴金翻译的《俄国虚无主义运动史话》中，对当时俄国社会论述虚无主义的状况就做了如下描述："事实上在俄国出版的论述虚无主义的书大都是出于虚无主义底死敌之笔，著者不是把虚无主义当作一个可怖的罪恶，便是把他当作一大疯狂病。"司特普尼亚克：《俄国虚无主义运动史话》，巴金译，上海：文化生活出版社，1936年，原序第3页。

虚无主义就还只是孕育,只有当"上帝死了",虚无主义才真正破土而出,才真正成了现代人普遍的精神困境的写照。如此,现代就处在双重虚无主义的阴影之下,一是上帝死了导致的信仰危机,二是基督教信仰并未完全彻底消亡,还在继续发挥作用,继续反对生命本能,从而导致了颓废。[1] 尼采自己也说:"虚无主义表现为一种病态的中间状态(巨大惊人的概括、对根本无意义的推论就是病态的):要么生产性的力量还不够强大;要么颓废还在犹豫不决,还没有找到它的辅助手段。"[2] 虚无主义正是"颓废的逻辑学",旧的形而上学和基督教信仰长期压制人的本能,导致人的精神创造力日益枯竭,以至于现代人在旧的信仰丧失之后,也无力创造新的信仰,这二者共同构成了现代的信仰危机。

尼采还区分了"积极的虚无主义"和"消极的虚无主义",并用它们表达了两种无信仰的状态:一种是因为精神力足够强大,以至于无须信仰,这是一种超越一切信仰的状态,它窥知了偶像的秘密,因而无惧于偶像的崩塌;另一种是由于精神力的衰弱而无能于信仰,这种人是信仰的奴隶,始终为信仰的崩塌而沮丧。尼采批判意义上的虚无主义基本上都意指这种消极的虚无主义,传统的形而上学以及基督教信仰正是它的典型代表,叔本华那种把动物式的自我保存看成是人的生存本性的意志哲学也属此列。某种程度上也与对叔本华悲观的意志哲学的不满相关,尼采才会提出权力意志的哲学,并将自己的哲学主张认为是积极的虚无主义。积极的虚无主义是一种强者的立场,不仅无惧于信仰的崩塌,而且主动地去否定一切价值,并且去重估一切价值,最后是要实现对新价值的自我创造。为此,尼采还提出了"极端的或彻底的虚无主义"(die radikale Nihilismus)的主张,即认为:"没有真理;没有事物的绝对性质,没有'自在之物'。"[3] 传统的形而上学预设了一个"真正的世界"的存在,这是现实的世界和人生的根据,而彻底的虚无主义正是对传统的形而上学这一基础观念的否定,它使得一切新的现实的创造被允许。这是一种彻底的解放,使得价值重估成为必要和可能,而新的价值秩序的确立则是由具有权力意志的"超人"实现的。由此,尼采翻转了传统的形而上学,并以生命价值取代了传统的形而上学的价值,但是其生命价值本身却成了新的形而上学的价值。

---

[1] 参见周国平:《尼采与形而上学》,北京:三联书店,2017年,第23页。
[2] 尼采:《权力意志》(上卷),孙周兴译,北京:商务印书馆,2007年,第401页。
[3] 同上书,第402页。

总的来看,尼采主要是从价值方面对虚无主义进行了分析阐述,虽然在这之前,叔本华以及俄国文学中已经展现出了对虚无主义在价值层面上的理解和运用,但是尼采的论述无疑是最具影响力和奠基性的。尼采之后,海德格尔接过了虚无主义话题的讨论,并且将对虚无主义的讨论引向"存在论"领域。

在海德格尔撰写的巨著《尼采》一书中,他反复地探讨了尼采及虚无主义问题。在海德格尔看来,尼采对虚无主义的"价值之思"使得虚无主义问题没有办法被克服,他指出:"本真的虚无主义的基础既不是强力意志的形而上学,也不是意志形而上学,而唯一地是形而上学本身。形而上学作为形而上学乃是本真的虚无主义。"①虽然尼采发现了形而上学作为传统虚无主义的秘密,并自认为其哲学是对柏拉图主义的颠倒,但是他实际上却没能走出形而上学的窠臼。在海德格尔看来,尼采表达了西方哲学中最后一个形而上学的立场,他的哲学体系不仅没有克服虚无主义,而且是向虚无主义的最后一次卷入。海德格尔认为,任何"价值之思"实际上都预设了人这一主体,人成了一切价值的设定者,他曾针对尼采关于权力意志作为价值来源的回答质疑道:"如果人所归属的世界本身并不具有某种价值、某种意义和目的、某种统一性和真理性,如果人并不隶属于某个'理想',那么,他如何能为自己谋得一种价值呢?"②这也就是说,尼采对价值的设定是以人对价值追求的意志为前提的,但问题是,人追求价值的意志本身就是一种需要被追问的事情。在海德格尔看来,虚无主义根本上是存在的问题,而不只是人本身的问题。人只是"存在者"之一种,并不等于"存在",所有仅仅从存在者出发之思,都隐含着对"存在"的遗忘。所以,他才会说:"虚无主义的本质根本就不是人的事情,而倒是存在本身的事情。"③总之,海德格尔认为虚无主义与存在相关联,虚无主义本质上就是对存在遗忘的历史,只有通过追问存在本身,才可能克服虚无主义,关于真理、意义以及价值的思考都应该与存在联系在一起,由此,他把对虚无主义的"价值之思"推进到"存在之思"。

以上关于虚无主义概念历史流变的刻画,虽然还不尽全面,但基本上也呈现出了虚无主义概念历史流变的关键节点,从最早在神学领域中出现,到发展成为认识论领域中的问题,再到转向价值论层面和存在论层面的问题。从中可以看

---

① 参见海德格尔:《尼采》(下),第1036页。
② 同上书,第786页。
③ 同上书,第1058页。

出,一方面,虚无主义概念流变呈现为两个有影响力的传统:一是俄国虚无主义传统,这一传统对虚无主义的理解偏向现实价值层面,并且现实地表现在社会政治方面,对当时俄国的社会变革产生了重要影响;二是德国虚无主义传统,这一传统对虚无主义的理解更多地呈现为哲学层面的关注。不论是俄国还是德国,他们对虚无主义的关注多少都体现了历史传统深厚的晚发现代化国家与现代性遭遇的普遍境遇。另一方面,在对虚无主义理解上从认识论层面到价值论层面和存在论层面的深入,也反映出虚无主义某种程度上可以被把握为欧洲近代以来哲学关注的中心问题。从西方哲学史的角度来审视西方近代以来关于虚无主义的讨论,我们会发现虚无主义某种程度上充当了串联起西方近现代欧陆哲学的核心问题,这或许能更好地展现和理解虚无主义与近现代哲学的关系以及虚无主义与现代性的关系。

（三）虚无主义:作为贯穿近代欧陆哲学的核心问题

欧洲哲学在近代出现了所谓的认识论的转向,思维与存在的关系问题成了哲学的核心问题。伴随着这一哲学问题转向,在思想社会化层面上则表现为欧洲启蒙运动的展开,同时,西方近代自然科学开始获得长足的发展。在尼采看来,在这一"转向"中,笛卡儿基于怀疑精神而形成的反形而上学促成了西方文化精神进程"历史上第一次积极的虚无主义运动"[①]。然而,在这一"转向"中,人与世界相分离,哲学"智慧"精神被遗忘,从而在根本上决定了这些哲学思考的虚无主义本质,对虚无主义概念的历史考察也表明,哲学上的虚无主义责难也正是从这个时候开始出现的。

在古代宇宙论哲学中,知识与智慧是统一的,之所以为人的意义就存在于对自然知识的认知中。正如古代哲学"目的论的宇宙观"所表达的,每个自然之物包括人本身,都是在终极目的因的推动下才成为它现在的样子,人们关于自然的知识与实践的智慧在根本上是统一的。而近代认识论哲学实际上导致了二者之间的分裂,作为被认知对象的自然宇宙与作为认知主体的人决然二分,宇宙是巨大的、冰冷的、机械的、无人性的,它只是物理规律支配下的世界。对自然宇宙的知识已经不再包含人生的智慧,而面向智慧的思考则使人产生真正的焦虑,人生的意义和价值问题再也难以在对自然宇宙真理的认识中得到解答,而这些问题

---

① 邹诗鹏:《虚无主义研究》,第157—158页。

却是人无法逃避的命运。于是，近代欧陆哲学便在这样的一种纠结中开始了它的探索：一方面，理性支配下的认识论哲学持续地表现为对自然祛魅的努力，自然界不再被认为是人类所参与其中的宇宙灵魂的可见的表达，并逐渐被看成完全不受人的意志所左右，而只受到客观规律支配的不具人格的客观材料；另一方面，面对"对自然的祛魅"后产生的知识与智慧之间的鸿沟，又不得不努力重新探寻智慧问题，而力图消弭知识与智慧之间的鸿沟，西蒙·克里奇利在对欧陆哲学的解读中就指出，"可归于欧陆哲学名目下的大部分问题，其吸引力在于试图统一或至少更为紧密地结合知识与智慧、哲学真理与存在意义的问题"①。

对试图统一知识与智慧关系的哲学探寻过程，实际上也表现了试图回应认识论导致的虚无主义的哲学努力，由于后者表现出了更为明显的问题性，对虚无主义的回应甚至可以说是"康德之后的欧陆哲学的实质问题"②，并且"贯穿于自德国古典哲学至后马克思主义哲学的始终"③。下面将概要论述虚无主义是如何在近代欧陆哲学认识论中脱颖而出，并成为欧陆哲学关注的实质性问题的。

在对虚无主义概念的考察中，已经提到德国神学家和哲学家雅克比首次在哲学层面上使用了"虚无主义"一词，并用它来指责当时哲学界流行的观念论，因此，对虚无主义出场的考察就有必要回到当时哲学观念论的源头、德国古典哲学的开创者康德那里。在尼采对虚无主义谱系的考察中，正是康德造成了18世纪的虚无主义运动，并认为这是继笛卡儿之后欧洲历史上的第二次虚无主义运动。不过在尼采那里，康德所造成的虚无主义乃在于他对纯粹理性本身的划界，不可知的"物自体"观念的提出不啻传统形而上学对存在一个"真实世界"的强调，并在实践理性意义上为自由意志、上帝存在预留了空间，这近似走向了柏拉图主义式的形而上学传统。因此，尼采指责康德说："（他）在历史中看到的无非

---

① 西蒙·克里奇利：《解读欧陆哲学》，第158页。并且他将"黑格尔将有关认知的生死之争看作是升华为绝对认知的重要部分；尼采论述上帝之死和对价值重估的需求；卡尔·马克思论述人类在资本主义条件下的异化和对于追求解放和公正的社会变革的需求；弗洛伊德论述在梦境、玩笑、口误中表现的无意识压抑以及它所揭示出的精神生活核心的非理性；海德格尔论焦虑、非真实社会生活中的麻木冷漠以及对真实存在的需要；萨特论述自欺、憎恶以及渴望人类自由的无用但却必需的激情；阿尔伯特·加缪论述在上帝之死造成的荒谬宇宙中的自杀问题，伊曼纽尔·列维纳斯论述我们对他人的无限责任的创伤"（第160页）都理解为这种探索的努力。
② 西蒙·克里奇利：《解读欧陆哲学》，第231页。
③ 刘森林：《为什么要关注虚无主义问题》，《现代哲学》2013年第1期。

是一种道德运动。"①并认为，康德不过是"卢梭式的道德偏执狂"，正是康德才"使英国人的认识论怀疑主义对德国人来说成为可能的"。② 在强调权力意志的尼采看来，这种根源于康德哲学的道德狂热无疑是一种软弱的生命意志的表现，康德哲学为理性的划界是向基督教的屈服，同时也是对笛卡儿理性主义的一种倒退，造成了一种"消极虚无主义"。但是雅克比所批判的认识论意义上的虚无主义，则与尼采所指的意义不同，虚无主义在康德那里的根源性则体现在康德批判哲学的先验唯心论主张及其所造成的"二元论"引发的一系列后果上。

认识论上的"哥白尼革命"是康德哲学最令人兴奋的发现之一，它奠定了康德先验唯心论哲学的基础。通过为纯粹理性划界，从而在实践理性上为自由意志、上帝存在预留了空间，这显示了康德试图消弭知识与智慧之间鸿沟的努力，但也使得其哲学本身表现出一种不彻底性，呈现出一种理论与实践上的"二元论"。这引起了后来哲学家们的不满，他们纷纷批判了康德哲学存在中的这种"二元论"问题，并力图在自己的哲学中解决这一问题，费希特、谢林、黑格尔先后出场了。费希特将这一"二元论"统一在了"自我"概念中，而在谢林那里则是用了"力"或"生命"的概念，黑格尔则用了"精神"概念。雅克比所批判的虚无主义正是费希特"自我"概念主导下的唯心主义一元论，它不仅造成了现实的虚无化，而且使得"自我"由于缺乏现实的应对而在实际上也虚无化了。雅克比用以指责费希特的理由根本上也指向了对康德的批评，因为"先验自我"恰是康德哲学"哥白尼革命"的理论基石。当然，费希特拒绝了雅克比的指责，他回应称："假如只有物质才是某种事物，那么，无论在什么地方就都只有虚无。而且无论在什么地方也依然永远只有虚无。"③这即是说如果绝对自我是虚无的，那么一切都是虚无的。

由雅克比开始的这种关于虚无主义的讨论在当时欧陆哲学中并不是偶然的现象，而是一个持续性的话题，19世纪许多知名的欧陆哲学家都对这一问题有所关注。马克斯·施蒂纳在其著作《唯一者及其所有物》中回应了雅克比对先验唯心论的批评，他以无政府主义的姿态将雅克比对虚无主义的批评推崇为对个人自由的追求，甚至明确宣称"把'无'当作自己事业的基础"。以至于后来马克思也不能淡然面对，并放下自己手头最重要的工作，在《德意志意识形态》中

---

① 尼采:《权力意志》(上卷)，第309页。
② 尼采:《权力意志》(上卷)，第387页。
③ 费希特:《费希特著作选集》第3卷，北京:商务印书馆,1997年,第650页。

对施蒂纳进行了激烈的批判。我们还可以看到叔本华、尼采等也都加入到这样的行列中来,当然对虚无主义关注的方式也不再局限于认识论层面,而向价值论、存在论等层面扩展开来。

虚无主义从认识论问题中扩展开来,根本上也是由所持有的某种虚无主义观念立场决定的,但重要的是这些关注形式的呈现所围绕的问题显露出来的某种内在一致性。一方面是知识与智慧分裂的鸿沟,另一方面则是由先验唯心论哲学引发的"存在"争议。而从社会历史发生的层面上看,启蒙运动才构成了虚无主义出场的根本前提,从中我们也可以看到虚无主义何以成为现代性问题的核心。

虽然康德非常推崇启蒙理性,然而他的批判哲学实际上也使得德国启蒙运动所确立的理性权威面临着内在瓦解的危机。正如他在《纯粹理性批判》第一版序言中指出的:"我们的时代是真正的批判时代,一切都必须经受批判。"[1]理性在康德哲学中获得了批判一切事物的权利,然而理性如果可以批判一切,那么就意味着它也可以批评自身,约翰·乔治·哈曼(Johann Geory Hamann)将这种对纯粹理性批判的批判称为"元批判"(Metatritik),而对理性的元批判则有可能陷入一种激进的彻底怀疑论当中,弗雷德里克·贝瑟尔(Frederick Beiser)就指出:"噩梦出现了:对理性的自我批判以虚无主义——即怀疑一切事物的存在——告终。这种恐惧就是启蒙运动的危机的主要内容。"[2]是休谟的怀疑论把康德从"独断论的迷梦"中惊醒,从而创立了批判哲学的体系,而现在理性在对自身的批判中,最终成了彻底怀疑论的牺牲品,走向虚无,这似乎也昭示了现代性的虚无主义命运。

在《理性纯粹主义的元批判》中,哈曼曾批评了康德对知识的形式特征的过高评价以及他关于理性与经验相分离、先验的东西与后验的东西相分离的主张,认为正是这些造成了康德批判哲学的形式主义和一系列二元论。而启蒙运动也与之相似,现代理性只负责破坏,在摧毁了旧的信仰体系后并没有带来新的"整体神话","现代性或启蒙运动的价值并没有关联道德和社会关系结构以及日常生活的内容",因而缺乏有效性以及与社会实践之间的联系,也变成是形式主义的。[3] 阿多诺就描述了工具理性本身的僭越,是如何使得启蒙一步步蜕变为神

---

[1] 康德:《纯粹理性批判》,邓晓芒译,北京:人民出版社,2004年,第一版序第3页。
[2] 西蒙·克里奇利:《解读欧陆哲学》,第170页。
[3] 参见同上书,第168、229—231页。

话的,在他看来,虚无主义成了"'现代性方案'的不良后果,是理性的'阿喀琉斯之踵'"①。当然,对虚无主义与现代性关系的描述,还体现在尼采、海德格尔、施特劳斯等众多哲学家那里,这里不再做更多的描述。

总的来说,以上大致阐明了在知识与智慧分裂的意义上,虚无主义如何成了近代以来欧陆哲学的中心问题。作为现代性本质的重要特征,虚无主义深刻地扎根在近代以来的欧陆哲学土壤中,哲学家们或批评了它,或支持了它,这些支持与反对却可能成为另一种立场中的反对与支持。在这种意义上,虚无主义,重要的不是它是什么,而是它成了一种哲学反思的观念基础。并且虚无主义越来越呈现为现代性的思想事实,而非隐藏在哲学史中的陈旧的思想观念,甚至在这之中它还激活了那些被遗忘的哲学学说及其所关注的问题。

三、冯契对虚无主义的批判

对现代性造成的虚无主义和相对主义的批判是隐藏在冯契哲学内的一个持久的主题。张汝伦不仅把冯契对虚无主义的批判视为他对现代中国哲学的独特贡献,甚至认为,在中国现当代哲学家中,冯契可以说是首位对现代性造成的虚无主义有着明确认识的哲学家。② 这一评价在肯定了冯契对虚无主义批判的哲学创见的同时,也表明虚无主义本身在中国现代哲学③中就具有重要的意义。而且冯契对虚无主义的批判正反映了观念批判和问题批判的结合,无论是对虚无主义观念的批判还是对虚无主义问题的批判都反映了虚无主义在中国的特征。

从文本上看,《冯契文集》中直接提及"虚无主义"这一术语主要集中在三个方面:一是在《论虚无主义》一文中,这是新中国成立前夕冯契发表的一篇文章,

---

① 杨丽婷:《论虚无主义与当代中国的关系图景》,《广东社会科学》2015 年第 2 期。
② 参见张汝伦:《冯契和现代中国哲学》,《华东师范大学学报(哲学社会科学版)》2016 年第 3 期。
③ 关于"中国现代或近代",在编年史意义上有它通常的说法,即 1840—1949 年是近代,1949 年以后是现代。然而"中国现代哲学"或"中国近代哲学"的划分经常并不是这种编年史意义上的,冯契的《中国近代哲学的革命进程》明确指出了其所用的"中国近代"是 1840 年鸦片战争爆发到 1949 年新中国成立这一编年史意义上的,而冯友兰的《中国现代哲学史》实际上是以旧民主主义革命为"现代哲学"开端的,李泽厚的《中国现代思想史论》则是以"五四"前后为"现代思想"开端的,张汝伦的《现代中国思想研究》中提到的大部分"现代"思想家都是 1949 年之前的,他指出"现代"是"取其作为一个特殊的社会发展阶段的意义",即"现代性的意义"。这里讲的"中国现代哲学"实际上也是"现代性意义上的",是相对传统哲学而言的,而讲的"中国近代"或"近代中国"则主要是编年史意义上的,是强调"虚无主义"观念出场的时代背景性。

而且是冯契作品中最为直接的一篇针对虚无主义进行批判的文章;二是在对中国近代哲学史的思考中,尤其是在《中国近代哲学的革命进程》中,结合思潮和人物的个案研究,冯契批判了龚自珍、章太炎等哲学家如何导向虚无主义的;三是在"智慧说三篇"以及《哲学要回答时代的问题》、《"五四"精神与反权威主义》、《"五四"精神与哲学革命》等文章中。综合这些文本看,冯契主要在三种语境中批判了"虚无主义":一是革命语境中的批判,主要是在近代革命话语,对近代思潮中的"虚无主义"观念进行了批判,这指向了作为观念的虚无主义在中国近代社会的理解问题;二是哲学语境中的批判,主要从近代哲学思想变革的角度把握了虚无主义,认为虚无主义是近代哲学革命对传统独断论和权威主义批判走向反面的结果,这切中了现代性发生造成的价值虚无主义;三是人格语境中的批判,主要是对以"做戏的虚无党"为代表的"无特操"的人格的批判,这在实际上指向了虚无主义产生的人格条件问题。

中国社会近代兴起的一股虚无主义思潮影响了冯契早期对虚无主义的认知,1949年9月,《展望》杂志第四卷第九期刊发了冯契的《论虚无主义》一文,从表现、危害、思想渊源等角度对当时社会上虚无主义观念进行了分析。文中批判了当时在部分知识分子中盛行的虚无主义思想,实际上也对近代虚无主义思潮做了总结性的评价,既肯定了虚无主义思想在中国近代革命中曾经发挥过的积极作用,同时又批判了虚无主义思想在新民主主义革命走向胜利时的消极影响,反映了中国近代社会对"虚无主义"泛政治化的理解特征。在冯契晚年的哲学创作中,他也对近代中国社会中的虚无主义问题进行过再反思,直指当时的价值虚无主义问题。在《关于中国近代伦理思想研究的几个问题》(1989)一文中,冯契就提到了关于中国近代伦理思想研究方面五个没有被很好重视的问题,其中一个涉及近代价值观的变革问题。冯契指出:"中国近代经历了多次反复,有革命高涨、道德向上的时期,也有道德败坏、形成价值真空的时期。在封建社会稳定的时候,总有一套价值观维系着,可是在近代,有时显得蓬勃发展,有时却似乎完全失控了。"①社会价值的真空实际上就是价值上的虚无主义,而导致价值虚无主义的原因根源于时代社会急剧转型的背景,并通过形形色色的虚无主义观

---

① 冯契:《关于中国近代伦理思想研究的几个问题》,《冯契文集》(增订版)第8卷,上海:华东师范大学出版社,2016年,第327页。全文所引冯契论述都为此版本。

念或者根底里透露着虚无主义气息的观念呈现出来。

在冯契晚年哲学史和"智慧说"的哲学书写中,通过对中国历史和个人遭遇的深刻反思,他不仅在对近代哲学史人物个案研究中从各个方面直接论及了虚无主义,而且还在文化深层面上分析了虚无主义与中国文化传统之间的深刻关联,对改革开放前后不同时期的实践与虚无主义之间的关系亦有所探讨。在《中国近代哲学的革命进程》中,在历数许多近代哲学家的贡献后,冯契都会批判他们思想当中的某些虚无主义成分或倾向,比如他批评龚自珍和章太炎最后都走向了佛学的虚无主义,而胡适全盘西化思想的背后实际上则是一种文化的虚无主义。

冯契认为虚无主义和相对主义是导致中国现代化建设遭遇重大挫折的重要原因,因而,也更加注重对现代性造成的虚无主义和相对主义问题的批判。他着重从中国哲学的角度出发分析了中国社会虚无主义产生的根源,将虚无主义与中国哲学传统的天命论、独断论联系在一起,提出虚无主义是"变相的独断论",是"独断论(权威主义)反面的极端"。在总结中国近代哲学革命进程的得失时,冯契指出:"由于数千年的封建统治中儒学独尊,经学独断论和权威主义根深蒂固。而在它们日趋崩溃的时候,便又走向反面,成为相对主义和虚无主义——这是使整个社会成为一盘散沙的毒素。"①他认为传统的天命论、独断论与虚无主义互相补充是中国哲学中的腐朽的传统,是阻碍中国社会近现代化的重要因素,因而成了近代哲学革命批判的主要对象。而且在谈到进一步发展哲学革命的问题时,冯契还指出,"天命论、独断论与虚无主义互相补充还在起作用(当然,有了新的特点)"②,强调要与之进行坚韧的战斗。在谈及"文化大革命"时期的价值状况时,冯契认为,当时呈现出的唯意志论和宿命论泛滥的思想状况根本上也是虚无主义的,而权威主义的独断论是重要的思想源头之一。改革开放后,面对社会上权力崇拜和拜金主义的问题,冯契特别批判了金钱和权力结合导致的异化现象,并且在 1990 年代初则提出了"坚持价值导向的'大众方向'"。冯契还特别从人格角度分析了虚无主义产生的条件,并对以"做戏的虚无党"为代表的"无特操"的人格进行了批判,认为以"做戏的虚无党"为代表的"无特操"的人格

---

① 冯契:《〈智慧说三篇〉导论》,《冯契文集》(增订版)第 1 卷,第 23 页。
② 冯契:《中国近代哲学的革命进程》,《冯契文集》(增订版)第 7 卷,第 649 页。

本质上是价值虚无主义者和实用主义者,这种人格造成了一种坏的国民性,是造成社会价值危机和信仰危机的重要原因。

冯契对不同时期虚无主义的理解不是断裂的,而是注重探究与虚无主义关联着的哲学观念的深层关系。就像前文所述,对虚无主义的理解存在着巨大思想分歧,虚无主义实际上呈现为各种发展着的思想样态,或者说虚无主义根源于各种思想观念之中,是这些思想观念导致的某种必然结果。冯契不是抽象地去谈虚无主义,而是具体地考察虚无主义在不同思想中的根源,这对于我们现在理解虚无主义十分重要。在这个意义上,虚无主义不应该被简单地理解为某种价值观传统,而更应该被理解为在不断生成的各种思想观念中透显出来的东西。就像冯契对中国近代社会出现的价值真空的说明,当时社会价值的真空实际上与思想观念上的某种虚无主义相联系着,这种虚无主义可能不是某种直接的主张,而是某些思想发展产生的必然结果。近代哲学思想中流行的唯意志论就是造成当时社会虚无主义的重要思想来源之一,冯契就分析了近代各种唯意志论思想最后如何走向虚无主义的。而且冯契实际上也指出虚无主义绝不是近代才有的事情,传统的天命论和独断论也是虚无主义的某个思想源头,这些思想本身就表明了作为个体的"虚无",而近代唯意志论在唤醒个体自由和自主性的同时,也有导致价值虚无主义的深层风险。冯契讲虚无主义是变相的独断论,唯意志论的兴起实际上导致的是从权威主义式的独断走向个人主义式的独断,反过来讲,独断论也就是导致虚无主义的某个思想源头。

虚无主义在冯契那里更重要的是呈现为一个重要的哲学问题或关怀,是他自己体贴出来的对中国社会问题的重要认识。正如张汝伦指出的:"虚无主义和相对主义来自他(冯契)对中国历史和他自己个人经历的痛苦观察和反思,从而发现中国现代历史的悲剧与不幸与此有莫大的关系。"[①]关于虚无主义,冯契不只提供了一种基于中国哲学和文化的分析和批判的视野,更重要的是,他的"智慧说"体系实际上也提供了一种应对虚无主义的尝试。冯契的"智慧说"体系着重探索了知识与智慧的关系问题,这恰好切中了虚无主义在欧洲近代哲学中产生的问题根源,因而内在地可以视为一种面向虚无主义而思的哲学建构。在"智慧说"的哲学体系中,冯契对造成中国社会价值虚无主义的具体因素进行

---

① 张汝伦:《冯契和现代中国哲学》,《华东师范大学学报(哲学社会科学版)》2016年第3期。

了针对性回应，尤其关注对合理的价值体系的探索以及理想人格的培养问题。

"智慧说"主张认识世界和认识自己的统一，强调价值论、认识论、本体论的统一，站在唯物主义辩证法的立场上，通过对中国传统哲学中"转识成智"的发挥，不仅避免了海德格尔式的"此在形而上学"陷入神秘化的可能，而且超越了一般价值理论回应虚无主义挑战的局限，从而能更好地回应虚无主义问题。具体来说，首先，通过走向广义的认识论，冯契在对认识论的重构中通过"四界说"阐明了价值的来源，肯定了价值的客观性，从而在哲学根源上回应了价值虚无主义；其次，冯契着重从价值观（合理的价值体系及其构成）和理想人格两个方面回应了价值虚无主义问题。在价值观方面，冯契指出自由劳动是合理的价值体系的基石，并且通过对中国传统哲学中价值学说和价值原则的分析梳理以及对中国近代价值观革命的把握，提出合理的价值体系就是要追求社会主义与人道主义的统一、大同团结和个性解放的统一，追求真善美的统一，并且在道德行为规范问题上尤其强调自觉与自愿的统一；在理想人格方面，冯契则通过对中国历史上理想人格理论的回顾分析，强调当代社会应该追求平民化的自由人格，并且强调德性的自证。

总之，冯契对虚无主义的批判为我们提供了一个站在中国文化视野内审视虚无主义的视野，展现了现代中国哲学家面对虚无主义的独特探索，不仅呈现了中国社会语境中对虚无主义观念的理解，而且展现了对现代性造成的虚无主义问题的把握，更重要的是"智慧说"体系还提供了一个应对虚无主义的可能方案，这对于应对当今中国社会面临的虚无主义问题具有启发意义。

"智慧说"体系对虚无主义的回应，也是冯契伦理思想的呈现，给我们提供了从整体上认识和把握冯契伦理思想的一个视角。冯契伦理思想根本上表现了价值论、认识论、本体论统一的特征，基于马克思主义实践观的认识论构成了理解和把握冯契伦理思想理论的基石；冯契伦理思想还展现出了史与思结合的特征，不论是对合理价值体系的说明，还是对理想人格培育问题的阐释，都是他基于对历史和社会现实的把握而得出结论的；同时，冯契伦理思想还注重社会伦理关系和个人道德品格两个方面分析的结合，社会伦理关系表现在了对社会理想方面的探讨，个人道德品格则主要与个人理想相联系，二者统一在了对自由理想的追求中。从现当代伦理学发展的角度看，冯契伦理思想以智慧为根基，从价值论、认识论、本体论统一角度对伦理道德问题的把握，解决了道德本质的社会学论证向哲学论证的深化问题；他关于"自由的道德行为是自觉与自愿的统一"的观点,超越了一般规范伦理学对功利主义和义务论关注的局限,拓展了规范伦理学的讨论视野;冯契在本体论的意义上讲德性,强调德性自证,实际上也打开了与当代德性伦理学对话的空间。

四、关于冯契思想研究的文献述评

关于冯契对虚无主义批判思想的研究推进,首要表现在文献整理方面。在最新出版的增订版《冯契文集》第11卷中收录了冯契的《论虚无主义》一文,这篇文章并未出现在原来十卷本的《冯契文集》(1996年版)中,是最新收录的冯契的论作。这篇文章是目前冯契论著中仅有的一篇直接以"虚无主义"为题来论虚无主义的文章,以往冯契直接论及"虚无主义"则主要是散见于其哲学史以及"智慧说"三篇中。透过这篇文章,我们得以看到在冯契学术生涯早期已经对虚无主义问题有直接的关注了,而且这也使得研究者们更加注重冯契哲学思想中对虚无主义的批判。

在目前的研究中,直接有关冯契对虚无主义批判的研究还不是很多,不过已有研究也关注到了冯契在不同层面上对虚无主义问题的批判。在《冯契百年诞辰论文集》中,收录了刘晓虹的《"虚无主义并不等于虚无"——冯契对虚无主义的批判思想》一文,这篇文章结合《论虚无主义》一文以及近代虚无主义思潮,概要整理分析了冯契对虚无主义的批判思想,主要反映了冯契对中国近代"虚无主义"观念的批判。张汝伦的《冯契和现代中国哲学》一文,则直接分析了冯契对现代性造成的虚无主义与相对主义的批判,并对此作了高度评价,把冯契对虚无主义的批判视为其"对现代中国哲学的一个独特贡献"。他还分析了冯契从与独断论相联系的角度以及人格的角度对虚无主义的批判,这对本研究分析冯契对虚无主义的批判带来许多启发。

围绕冯契对虚无主义的批判来解读他的"智慧说"体系,进而认识冯契伦理思想,与此相关的主要是对冯契认识论、价值论、人格学说等方面研究。这方面的研究文献相对来说比较多,下面对一些主要的文献做归纳陈述。

从认识论方面的研究看,这里说的认识论主要是就冯契广义认识论来说的,这方面的研究主要有助于从整体上理解和把握冯契"智慧说"的哲学体系,进而把握冯契伦理思想的形而上学基础。首先是《冯契文集》第1卷《认识自己和认识世界》集中阐述了冯契的广义认识论思想,他的广义认识论着眼于近代哲学中知识与智慧的割裂问题,不仅回答科学知识如何可能的问题,而且还回答了形上智慧如何可能的问题,从而解决了近代以来科学主义与人文主义之争也即"可信"与"可爱"的问题之争,从哲学根源上否定了虚无主义。王向清、李伏清合著的《冯契"智慧"说探析》一书系统地介绍了冯契的"智慧说"体系,尤其是该书的前三章详细地分析了冯契对从无知到知、从知识到智慧的认识过程的飞跃,有助于从整体上理解和把握冯契的"智慧说";杨国荣在《论冯契的广义认识论》一文中,从西方近代哲学变革与现代哲学发展的角度分析了冯契的广义认识论,不仅对冯契的广义认识论体系做了阐发,而且也凸显了广义认识论相较于西方近现代认识论哲学的特征和贡献;杨国荣的《成己与成物——意义世界的生成》实际上是对冯契广义认识论的一个发挥,其中阐明了在认识世界和认识自己、变革世界和变革自身的过程中,也即在成己与成物的过程中意义的生成问题,从而也就内在地否定了价值的虚无主义,这对于审视冯契的广义认识论对虚无主义的克服有启发意义;郁振华在《扩展认识论的两种进路》一文中,回顾了冯契广义认识论的提出及其特征,并站在西方现代认识论发展的角度,指出与20世纪西方哲学中出现的扩展认识论的"实践进路"不同,冯契的广义认识论提供了一个扩展认识论的"形上进路";成中英在《人的本体论发生与智慧的发展:从方法到智慧,从智慧到自由》一文中,从人与人类文明发展的角度总结了冯契"智慧说"的哲学体系的贡献,并指出将之与中国哲学的易学相结合,可以使"智慧说"成为一种导向现代"君子文明"的本体论哲学、宇宙哲学和道德哲学的可能。

  从对冯契价值论研究的方面看,这些研究呈现为从人格、自由、德性等多个层面对冯契伦理思想的关注,这也是研究冯契伦理思想的主要呈现方式。《冯契"智慧"说探析》一书的第四章和第五章着重讲了冯契的"化理论为方法,化理论为德性"的思想,其中对冯契的整个价值论思想都有所涉及;彭漪涟的《化理论为方法、化理论为德性》专门对冯契的"两化"思想做了研究,尤其是其中"化理论为德性"方面的论述,为我们理解和把握冯契价值论提供了参考;陈泽环的《追求自由与善——冯契伦理思想初探》、戴兆国的《冯契伦理思想探析》各自从不同角度呈现了直接对冯契伦理思想整体性统观,其中陈泽环从转识成智、自由劳动和自觉自愿等方面把握了冯契伦理思想的形而上学基础、价值原则和道德规范,戴兆国则从性与天道的交互作用、德性与价值、平民化自由人格几个方面阐发了冯契的伦理思想,这对本研究从整体上把握冯契伦理思想带来很多启发;日本学者樋口胜则针对冯契真、善、功利原则等方面的价值论思想做了一系列阐发;丁祯彦的《儒家的理想人格和现代新人的培养——兼谈冯契"平民化的自由人格"》、吴根友的《冯契"平民化的自由人格"说申论》、王向清的《冯契的"平民化的自由人格"论略》、顾红亮的《自由人格的可能性——以冯契为例》、崔宜明的《从"圣人"到"平民化的自由人格"》等,从多个方面和角度对冯契的平民化的自由人格理论做了说明;王向清的《冯契的自由学说及其理论意义》、朱承的《冯契自由观念的政治哲学解读》、李振纲的《化理论为德性——论冯契先生的自由价值观》等,则着眼于对冯契自由理论的申说;陈来的《论冯契的德性思想》、任剑涛的《向德性伦理回归——解读"化理论为德性"》、付长珍的《论德性自证:问题与进路》等,对冯契的德性理论做了阐发;李丕显的《冯契美学观的逻辑进路和理论品格——兼与实践美学的比较》、马德邻的《艺术:作为理想的现实——论冯契的美学思想及其当代价值》、蔡志栋的《金刚何为怒目——冯契美学思想初论》等,则对冯契的美学思想有所阐述;同时,一些博士论文对冯契的价值论思想的不同内容进行了专门研究,如余华的《冯契的理想观研究》、林孝瞭的《冯契自由理论研究》、贺曦的《冯友兰冯契理想人格学说比较研究》、李锦招的《人的成长和人格理想——冯契智慧说与霍韬晦如实观之比较研究》,他们分别对冯契的理想观、自由理论、人格学说进行了深入探讨,冯契对虚无主义问题的回应实际上也主要体现在了这些方面。

五、本书研究思路

总的来说,本书聚焦于冯契对中国社会虚无主义问题的批判及其"智慧说"哲学体系对虚无主义问题的回应。首先主要梳理分析了冯契直接针对虚无主义的批判,其中既有对近代思潮中虚无主义观念的批判,也有对现代性造成的虚无主义和相对主义问题的批判,并基于这些批判简要分析了虚无主义观念和问题在中国社会呈现出的特征;其次,结合冯契的"智慧说"体系,本研究特别分析了"智慧说"体系在认识论、价值论和人格论三个层面上如何有针对性地回应虚无主义问题,这为我们提供了一个在整体上审视冯契伦理思想视角,基于此,本研究也将对冯契伦理思想的特征进行概要总结分析。

具体来说,本书共分四个章节:

第一章主要梳理分析冯契对中国社会虚无主义问题的批判,其中既包括了对近代思潮中的虚无主义观念的批判,也包括了对现代性造成的虚无主义和相对主义的批判,并结合近代哲学的革命,探究了近代启蒙和思想变革如何在根本上催生了中国社会的虚无主义。对近代思潮中的虚无主义观念的批判,主要体现在冯契的《论虚无主义》一文中,其阐述了近代革命话语中对虚无主义的解读和批判。而冯契对现代性造成的虚无主义的批判,主要是在哲学语境和人格语境中展开的。哲学语境中对虚无主义的批判,主要侧重从中国传统独断论、天命论以及近代唯意志论思潮的角度,分析中国社会虚无主义的文化与哲学根源;人格语境中对虚无主义的批判,主要是对以"做戏的虚无党"为代表的"无特操"人格的批判。冯契对现代性造成的虚无主义的批判,与中国社会近代的思想变革和哲学革命紧密相关。正是近代民族危机、社会危机以及启蒙思想共同导致了传统价值的近代危机,这在某种程度上也是一种信仰危机,旧的价值体系权威崩塌,新的价值体系权威又没能建立起来,人们实际上也就陷入虚无主义之中。而从问题产生的哲学逻辑上看,近代中西哲学交汇中,科学主义的兴起使得科学与人生脱节的问题突显出来,这实质上也正是知识与智慧在近代哲学中割裂的结果,并在根本上导致了价值虚无主义的危机。

第二章着重从整体上阐述冯契"智慧说"的哲学体系如何在哲学的根源上表现了对虚无主义的拒斥。首先,概括论述了冯契广义认识论的来龙去脉;其次,通过阐明冯契对从"无知"到"知"的认识的第一次飞跃过程的论述,表明冯契如何肯定了认识过程的客观性,从而肯定了价值的客观基础;最后,通过对"转识成智"的阐述,尤其是对冯契"四界说"理论的分析,解释了冯契如何把握认识论、本体论、价值论的统一。对认识过程的客观性的确认以及认识论、本体论、价值论的统一,正表现了对认识论的和价值的虚无主义的拒斥。对冯契伦理思想的理解也应该建立在广义认识论的基础之上,价值论与认识论、本体论的统一正是冯契伦理思想的一个根本特征,也是其伦理思想的哲学形而上学的基础。

第三章主要梳理分析冯契对合理的价值体系及其构成的阐述,这是从价值观建构的角度对虚无主义的直接回应,尤其是对道德虚无主义的回应。冯契对合理的价值体系的说明实际上表现了认识的辩证法在价值领域的展开过程,这本身也是广义认识论的内容。从认识与评价的关系出发,冯契对价值的来源做了说明,再次肯定了价值的客观基础。而通过对中国传统哲学中有关价值学说的论争和近代价值观的革命进程的考察,冯契提出合理的价值体系就是要追求社会主义与人道主义的统一、大同团结和个性解放的统一,并总结概括了合理的价值体系的基本原则和特征。冯契还指出,自由劳动是合理的价值体系的基石,对真善美的价值追求是合理的价值体系的基本构成,真善美的统一则是智慧的内在要求。对合理价值体系的总结和说明,既反映了冯契对现实的社会伦理关系的关注,这是冯契伦理思想的重要组成部分,同时也反映了冯契坚持史与思相结合的伦理理论的分析特征;把价值论建立在自由劳动之上,则表现了冯契伦理思想对自由的根本追求;在对善的价值的说明中,冯契则提出自由的道德行为的特征是自觉与自愿的统一,深化了我们对道德行为规范的理解。

第四章主要梳理分析了冯契的人格理论和德性自证的思想,在对虚无主义的批判中,冯契指出了人格的缺失恰是造成价值虚无主义的重要原因,因而在"智慧说"的哲学体系中,冯契特别从理想人格的培养的角度回应了价值虚无主义。站在实践唯物主义和历史唯物主义的立场上,冯契指出作为价值信念的理想人格载体是"自由的、具有独立人格的生命个体",他把这一理想人格称为平民化的自由人格。本章首先从一般理论的角度,分析梳理了冯契对人格和自由问题的认识;其次,着重分析了冯契对平民化的自由人格的论述,以及培养平民化的自由人格的途径;最后,则主要分析"德性自证"的命题及其可能,自由人格的培养问题也就是"化理论为德性"的问题,这与冯契提出的"德性自证"的哲学命题紧密联系着。对个人的自由个性的发展关注,也即个人道德品格的培育问题,也是冯契伦理思想的重要组成部分。对平民化的自由人格追求,是冯契在对中国传统"成人之道"以及近代培养新人学说扬弃基础上总结出来的,这同样也反映了冯契伦理思想史与思结合的特征。而冯契的德性自证思想,反映了对德性的一种综合之思,冯契不是把德性简单作为道德品格来对待,而是在本体论的层面上言说德性,德性根本上表现了性与天道智慧的统一,这对当代美德伦理学研究亦有启发意义。

通过冯契对虚无主义批判来审视冯契伦理思想,乃是因为冯契对虚无主义批判和回应本身就表现了他的伦理思想,而不是在这个批判过程之外另有冯契伦理思想。这不仅是因为虚无主义本身就是一个伦理学范畴内的重要问题,而且冯契本身就侧重从时代的常识价值观以及价值维度上来回应虚无主义。本研究主要是在分析冯契对虚无主义的批判和回应基础上,对其中呈现出的冯契伦理思想的特征进行总结,因而,也是从这一特定的角度呈现了对冯契伦理思想的一种相对整体性的把握。

第一章　冯契对中国社会虚无主义问题的批判

1949年9月,《展望》杂志第4卷第9期上刊发了冯契的《论虚无主义》一文,文中主要针对中华人民共和国成立前夕部分知识分子中存在的虚无主义思想观念提出了批判,这是冯契首次明确针对虚无主义进行的批判。这一时期,冯契对中国社会虚无主义的批判主要是直接针对近代中国社会明确表达为"虚无主义"的观念展开的。

19世纪末20世纪初,"虚无主义"概念经由日本转译开始在中国社会传播,并逐渐受到了清末民初时期革命者和知识分子的关注。20世纪初到20世纪20—30年代,近代中国思想界一度出现了一股关于虚无主义讨论的热潮,对近代中国社会产生了比较深远的影响。[①] 中华人民共和国成立前夕,在部分知识分子中流行的虚无主义观念实际上正是受近代虚无主义思潮影响的结果,冯契早期对虚无主义的关注和理解同样也受此影响。

在《论虚无主义》一文中,冯契总结性地评价了近代虚无主义思潮,辩证地分析了虚无主义思想在近代革命中的积极作用和消极影响。他结合屠格涅夫《父与子》中巴扎洛夫的形象来谈虚无主义者,这也是中国思想界在概念上理解"虚无主义"的典型方式。在近代虚无主义思潮中,虚无主义思想观念进入了中国现代哲学的视野,中国近代社会对虚无主义思想观念的泛政治化解读,在某种程度上透显着中国人对虚无主义话语和问题性的把握。这既不同于对中国传统哲学中对"虚"、"无"以及"虚无"概念的认识,也不同于欧陆哲学中侧重从现代性发生角度对虚无主义的理解,并且在某种层面上影响了当代中国社会对虚无主义概念的泛政治化理解。

但冯契早期所针对批判的虚无主义观念,主要还局限在革命话语中,虚无主义还很难说是彻底的虚无。因为虽然就虚无主义本身的主张而言它要否定一切,然

[①] 关于近代思潮中的"虚无主义"观念的演进可以参看本书附录二《近代思潮中的"虚无主义"观念演变及解读》。

而就选择相信虚无主义本身而言,它还保留了对自身主张的认同性。虚无主义作为一种主张自身的学说的意义,远不如它作为对时代问题指征的刻画来得深刻。在后者意义上,虚无主义被认为是内在于现代性的本质特征,也正是由于与现代性的根本性的联系,虚无主义才成为现代哲学所关注的重要问题之一。借由对虚无主义思想观念的探讨,有助于理解我们社会自身的"虚无主义"话语之所指;而只有理解现代性发生意义上的虚无主义,我们才可能真正地把握虚无主义,通过探寻和分析现代性造成的虚无主义的思想根源,才可能更好地应对虚无主义。

冯契晚年在哲学史书写和"智慧说"的哲学体系建构中,开始更多地关注现代性造成的虚无主义和相对主义问题,并对之进行了持续的批判。冯契晚年所批判的"虚无主义"主要指向了那些在本质意义上是虚无主义的问题和主张,权力崇拜、拜金主义、享乐主义等在某种意义上都是虚无主义的表现。基于对中国传统哲学史以及近代哲学革命的把握,冯契着重探索了虚无主义与中国文化传统之间的关系,提出"虚无主义是变相的独断论";并认为,中国哲学中的腐朽传统之一就是虚无主义与传统的天命论、独断论的互相补充,这是阻碍中国现代化的重要原因。

总的来说,冯契对现代性造成的虚无主义的批判,主要是在哲学语境和人格语境中展开的。哲学语境中对虚无主义的批判,主要侧重从中国传统天命论、独断论及近代唯意志论思潮的角度对中国社会的虚无主义进行分析和批判。人格语境中对虚无主义的批判,主要是对以"做戏的虚无党"为代表的"无特操"的人格的批判,这在实际上指向了虚无主义产生的人格条件问题。

冯契对现代性造成的虚无主义的批判,与中国社会近代思想变革和哲学革命紧密相关。明确表达为"虚无主义"的观念话语在中国近代的传播和形成是20世纪初才开始的,而作为现代性造成的虚无主义在中国社会的产生则是近代社会危机以及思想启蒙不断发酵的结果,当西方列强用坚船利炮打开晚清闭关锁国的大门时,虚无主义已经在民族危机中被催生出来。正是近代民族危机、社会危机及思想启蒙共同导致了旧价值传统的危机,这实际上也是一种信仰危机,旧的价值体系崩塌,新的价值体系又没能建立起来,人们实际上也就陷入虚无主义之中。

本章将主要梳理分析冯契对中国社会虚无主义问题的批判,其中既包括了对近代思潮中的"虚无主义"观念的批判,也包括了对现代性造成的虚无主义和相对主义的批判,并结合近代哲学的革命,探究近代启蒙和思想变革如何在根本上催生了中国社会的虚无主义问题。首先,结合《论虚无主义》一文阐述了冯契对近代思潮中"虚无主义"观念的批判;其次,分别梳理分析了冯契对中国传统天命论、独断论与虚无主义之间关系的探究,以及从人格角度对虚无主义的批判,前者冯契主要批判了传统天命论、独断论与虚无主义互为补充的腐朽传统,后者则主要是借用鲁迅笔下的"做戏的虚无党"来批判人格的扭曲与缺失问题;再次,从最直接意义上探讨中国近代价值虚无主义问题,即近代民族危机、社会危机以及启蒙思想如何导致了传统价值的危机;最后,从问题产生的哲学逻辑上探讨近代价值虚无主义,近代中西哲学交汇中,科学主义的兴起使得科学与人生脱节的问题突显出来,这实质上也正是知识与智慧在近代哲学中割裂的结果,并在根本上导致了价值虚无主义的危机。

第一节 "虚无主义不等于虚无"

《论虚无主义》是冯契学术生涯早期直接针对虚无主义进行批判的文章,也是已整理的冯契著作中仅有的一篇以"虚无主义"为题来论虚无主义的文章。这篇文章收录在增订版的《冯契文集》第11卷《智慧的探索·补篇续》中[①],旧版的《冯契文集》并没有收录该文,因而以往关于冯契思想的研究中,他对虚无主义的批判也较少被注意到。严格来说,这篇文章并不是对虚无主义严格意义上的哲学解读,而更像是一篇针对当时社会时局的评论文章,这从《冯契文集》收录的编排上多少也有所体现。这篇文章被编入了"时与文"的栏目中,冯契主要是针对中华人民共和国成立前夕社会上存在的虚无主义思想观念进行了批判。也正是因为针对当时社会存在的思想状况所撰文,《论虚无主义》中对虚无主义的批判更加切中了直接表述为"虚无主义"的思想观念,从而反映了当时社会和思想界存在着的"虚无主义"思想观念状况。

在《论虚无主义》一文中,冯契首先指出了中华人民共和国成立前夕社会上存在着的"虚无主义"观念话语,"在一片'解放区的天是明朗的天'的歌声里,竟有人在忧伤,在冷语,在用魔鬼的声音说他的虚无主义的教。"[②]不过他也指出这"说虚无主义的教"的"声音自然是细微的",而说这话的人主要是"想走中间路

[①] 冯契:《论虚无主义》,《冯契文集》(增订版)第11卷,第172—179页。
[②] 冯契:《论虚无主义》,《冯契文集》(增订版)第11卷,第172—173页。

线的知识分子",因为他们"右不能高攀,左不肯低就,现在又听人说,第三条路是没有的;剩下来当然是一个'没有办法'的'虚无'了。"①从中可以看出,"虚无主义"思想观念在中华人民共和国成立前夕逐渐式微,但在知识分子中间虚无主义思想观念依然有市场,尤其是在走中间路线的知识分子那里,虚无主义成了他们逃避中国革命现实和未来道路选择的必然,对虚无主义的理解被置入到革命路线的选择中。如果只是一个式微的观念,冯契就没有必要在这时候专门针对虚无主义进行讨论了,在这种观念式微背后恰反映了虚无主义思想观念本身在知识分子中已然有着深刻影响,用冯契自己的话说就是,"旧知识分子或多或少地带点虚无倾向。"②冯契甚至认为当时思想战线的重要任务之一就是同"虚无主义"思想观念作斗争,并认为这对于当时知识分子的自我改造,具有非常重要的意义。

一、虚无主义的积极意义与消极影响

总的来说,在《论虚无主义》一文中,冯契对虚无主义的批判是在革命话语中进行的。革命话语不仅意味着言说的历史境遇,即"革命"是 20 世纪上半期中国社会发生的最基本且本质性的实践,而且更重要的是意味着"革命"成了正当性的来源,正如有学者指出的,"五四以后,革命不仅意味着进步与秩序的彻底变革,还成为社会行动、政治权力正当性的根据,甚至被赋予道德和终极关怀的含义。"③能顺应、推动革命的思想和行动就具有正面价值,而否定、阻碍革命的思想和行动就是负面价值的。革命话语中的虚无主义,即是将对虚无主义的理解与革命联系在一起,不仅虚无主义观念在中国的传入和传播与革命观念紧密相关,而且对虚无主义理解及其思想价值评判都与革命相联系着,是否顺应了革命前进的方向决定了虚无主义到底是积极的还是消极的。冯契就是在这种革命话语中分析和批判知识分子中存在的虚无主义思想观念及其危害的,他对当时社会上存在的虚无主义观念基本上持一种否定的态度,因而是要批判虚无主义,用他自己的话说就是"虚无主义不等于虚无"。

在冯契看来,虚无主义并非什么都不主张或什么都没有,恰恰相反,作为一

---

① 冯契:《论虚无主义》,《冯契文集》(增订版)第 11 卷,第 173 页。
② 同上书,第 173 页。
③ 金观涛、刘青峰:《观念史研究——中国现代重要政治术语的形成》,北京:法律出版社,2009 年,第 365 页。

种主张,虚无主义"不是数学上的零,而是一个小小的负数。"①也即认为虚无主义思想在当时不是如其自身主张的什么都没有,而是有负面作用的,"虚无主义这类思想,特别在知识分子中间,是还有它部分的反作用的。"②中华人民共和国成立前夕,人民革命不断走向胜利,中国人民在中国共产党的领导下正逐步全面取得政权,而此时想走中间路线的知识分子宣扬虚无主义的主张,实际上是在否定人民革命的正当性,否定中国革命未来的道路选择。所以冯契认为,如果不对这些知识分子的思想加以改造,那么他们就会被反动力量所利用,从而成了新民主主义革命的"捣乱分子"。

在革命话语中,冯契辩证地分析了虚无主义的影响,肯定了虚无主义在某些特定历史阶段的进步作用,明确指出,"在一定的历史阶段,虚无主义也曾起到一定限度的进步意义的破坏作用"。冯契把屠格涅夫在《父与子》中描述的巴扎洛夫视为典型的虚无主义者的形象,巴扎洛夫这一形象根本上代表了一种对旧制度或旧价值传统的否定精神,这种对旧制度、旧道德的攻击无疑是革命所内含的。现实地看,冯契认为:"在国民党反动派统治时期,人民普遍地怀着不满的情绪。在那时候,攻击、辱骂、讽刺,都是应该有的。虚无主义能起破压、否定的作用。"③从破坏、否定反动势力的方面看,虚无主义的确顺应了革命的要求,但也仅限于破坏和否定。然而,革命不只是要破坏和否定,革命的根本目的还在于要追求更美好的生活,最终总是要建设一点什么,而虚无主义却只有否定,并最终从对革命的反面的否定走向了对革命自身的否定,于是就不得不对虚无主义进行批判和否定了。

革命话语中对虚无主义这种从肯定到否定的评价的发展正反映了时代的中心问题正在发生变化,在《〈智慧说三篇〉导论》中冯契就指出:"'古今中西'之争所反映的时代中心问题是发展的:1949年以前,主要是革命的问题,1949年以后主要是建设的问题,即如何使我们国家现代化的问题。"④而且在《中国近代哲学的革命进程》最后在探讨关于如何进一步发展哲学革命的问题时,他也曾指出这种变化,"中国近代哲学革命并没有因为人民革命的胜利而结束","历史已经翻开新的一

---

① 冯契:《论虚无主义》,《冯契文集》(增订版)第11卷,第173页。
② 同上书,第173页。
③ 同上书,第176页。
④ 冯契:《〈智慧说三篇〉导论》,《冯契文集》(增订版)第1卷,第3—4页。

页。时代的中心问题已经由'中国向何处去'的革命问题,转变为'如何使我国现代化'的建设问题",因而"如果近代哲学要研究'革命的逻辑',那么当代哲学便应研究'建设的逻辑'了。"①不过从逻辑的内在意义上看,"革命的逻辑"和"建设的逻辑"是二而一的,"革命"本身是一种"建设","建设"本身也是一种"革命"。冯契用"建设的逻辑"主要意指现代化建设,而现代化在中国近代史上的呈现正是以"革命"为开端的。可以说,中国近代以来社会或伦理转型的实质就是从传统向现代性的转变,现代化正是潜藏在近代社会革命和哲学革命背后的根本动力。所以,革命也是建设,只不过是一种以否定性来表达的建设。而所谓现代化建设,站在共产主义实现的角度看,它也只是体现为共产主义革命进程中的一个阶段,只不过这一"革命"的含义已然不同于早期共产主义革命的激进的、暴力的、阶级的内涵,而更多意味着一种全民的奋进和发展。不过,冯契的这种区分体现了实践的具体化过程,"革命的逻辑"在狭义的方面确指了近代以来中国国家民族民主革命阶段的任务,而"建设的逻辑"在狭义的方面确指了中国取得了民族民主革命胜利后和平时期的任务。这在某种层面上可能也暗含了他对和平时期"革命的逻辑"僭越"建设的逻辑"而导致的社会混乱动荡的批判。

二、虚无主义与否定、怀疑精神

在《论虚无主义》对虚无主义的批判中,冯契关于虚无主义的理解实际上与否定精神、怀疑精神和个人主义紧密相连。虽然冯契并没有明确解释什么是虚无主义,不过从他指"屠格涅夫笔下的巴扎洛夫是典型的虚无主义者"中可以看出,虚无主义首先被理解为一种否定的精神。这种否定首先是对旧制度或旧价值传统而言的,在攻击旧制度、旧道德方面,冯契甚至认为庄子也展现出了巴扎洛夫的精神,嵇康、李贽那种反抗传统的偏激的个人主义也在此列;然而,虚无主义的否定精神最终要是否定一切,甚至是它自身,实际上就是一种绝对的否定精神。而否定精神总是与怀疑相联系着,虚无主义正表现为绝对怀疑的精神,冯契说:"在哈姆雷特身上,我们见到了虚无主义与怀疑精神的结合。怀疑使人失去自信,也减弱了攻击的火力。于是悲观、失望、动摇、彷徨、颓废、颓唐、……百病俱发,生趣毫无,只好拿小刀抵住胸口,自问:'To be, or not to be?'"②正是在

---

① 冯契:《中国近代哲学的革命进程》,《冯契文集》(增订版)第7卷,第648页。
② 冯契:《论虚无主义》,《冯契文集》(增订版)第11卷,第175页。

怀疑之中,哈姆雷特走向毁灭,走到彻底的虚无之中。冯契还将虚无主义与个人主义相联系,认为虚无主义者都是个人主义者。巴扎洛夫这一典型的虚无主义者毫无疑问也是一个典型的个人主义者,这是"否定一切"的精神所内在决定的,虚无主义作为对抗现实的精神力量,也即作为否定旧制度、旧道德的精神力量,最开始正是在个人主义立场上才呈现为这种对立。虚无主义不等于是个人主义,但是在个人主义泛滥的地方却最容易滋生虚无主义,现代性所造成的价值虚无主义根本上也与个人主义相关联着。

从否定和怀疑的精神出发,在《论虚无主义》一文中,冯契并没有区分作为现代思想观念的"虚无主义"与中国传统哲学中的"虚无"思想,而笼统地将传统的"虚无"思想也归为"虚无主义"。他不仅多次以庄子哲学来言说或类比俄国的虚无主义主张,甚至认为,中国传统宗教和玄学中所建立的一套有体系的虚无哲学根本上也是虚无主义的。自老庄始,《中庸》、《易传》以及后来的佛教都大谈"空"、"无"的思想,"整个封建的中古时期,中国人都尊'无'为最高的观念,都以'无为'为人生实践的标准。"[①]由是,在对近代虚无主义思想观念的批判中,他也批判了中国传统哲学中的虚无思想。冯契在文章中指出:"俄国的虚无主义者是无政府主义者,我们的庄子也是如此。"[②]他还举例分析指出,庄子笔下的"至德之世"实际上是一个没有文化、没有政治组织的乌托邦,并认为这个乌托邦主张"取消君子小人的阶级对立是好的",[③]但是它"教人无知无欲,回到野蛮时代去过动物一般的生活"[④]则违背了历史发展的必然规律,并在客观上成了反动统治者的愚民工具。而传统"无为"思想所主张的"上无为也,下亦无为也",[⑤]看似平等,实际上抹杀了背后"上下"的本质差别,冯契指出:"上无为,是驾驭者的无为。隐在幕后不动声色,利用鞭子们和棍子们驱使群下,这叫做权术。而下无为呢,那便是对政治不闻不问,甘心受宗教和玄学的麻醉,这叫做做顺民。"[⑥]总之,从革命的立场出发,虚无主义在思想根底上是反动的,虚无主义者在破坏之后所建设的就是"为反动的统治者制作种种反动的工具"。

---

① 冯契:《论虚无主义》,《冯契文集》(增订版)第11卷,第177页。
② 同上书,第177页。
③④ 同上书,第176页。
⑤⑥ 同上书,第177页。

当然,冯契这里对传统虚无思想的批判和否定似乎有些偏狭,但这里重要的不是对传统虚无思想的解读,冯契文章的重点也不是系统分析传统的虚无思想,而是在否定和怀疑的意义上表明传统虚无思想和当时流行的虚无主义观念有着内在的联系。在冯契后期哲学创作中,把对现代性造成的虚无主义的理解与中国传统哲学的特质结合分析,可以说,在这里已经显示出了这种思考上的自觉。而他对个人主义与虚无主义关系的关注,尤其是将这种反抗传统的个人主义与庄子哲学以及其后的嵇康、李贽等人的思想相结合的理解,则导向对近代唯意志论哲学中个人主义凸显与现代性意义上虚无主义发生的关联性思考。更为重要的是,这种分析和言说的方式表明,近代虚无主义观念深受革命话语的影响,革命话语是虚无主义观念化的重要解读语境。

三、克服虚无主义的新观点和新立场

结合中国传统哲学,冯契还分析了旧知识分子在虚无主义主张中的必然命运,这一必然命运就是被杀、自杀或者在宗教中隐遁起来。冯契指出,"由否定一切、批判传统,走到怀疑、悲观,甚至想自杀,再逃向宗教或变相的宗教,而终于与反动派一鼻孔出气"是"虚无主义者的全部旧道路,也是虚无主义者否定自己的老方法"[①]。为避万事烦恼,贾宝玉说"做和尚去",屈原则是"愿依彭咸之遗则",也"总不外乎自杀与学仙两条路"[②],而"庄子的玄学是变相的宗教"[③],庄子和屈原的道路也是一样的。冯契在文中又说:"企图用个人力量来否定一切,有清醒头脑的人,在碰了几个钉子之后,就会明白这是不可能的。"[④]而且"在根底里,有虚无倾向的知识分子都是非常伤感的,因为他们有清醒的头脑,很明白自己的胆怯和懦弱。"[⑤]这实际上是在说,当虚无主义者以个人主义立场出发否定一切的企图必然是要以失败告终的,而虚无主义者又必然地走向个人主义。这时,虚无主义就成了消极避世的主张,无法面对真实的世界而只能逃向自身,虚无主义成了精神的自欺,这是彻底失败者的态度,是懦弱和胆怯的表现。

正是在旧的道路和方法中,虚无主义才表现为新的时代的反动力量,革命

---

① 冯契:《论虚无主义》,《冯契文集》(增订版)第11卷,第178页。
②③④ 同上书,第176页。
⑤ 同上书,第178页。

话语决定了这样的虚无主义观念必须被消灭或克服。由此,冯契在《论虚无主义》中,提出了克服虚无主义新方法、新观点和新立场,这一新立场就是要站在人民的立场和无产阶级的立场上,这一新观点则是坚持辩证唯物主义的观点和历史唯物主义的观点。冯契指出,虚无主义是"一种没落阶级的意识,是世纪末的现象"。[1] 在19世纪末,所有人都可以借由虚无主义进行辱骂和破坏,既可以被旧阶级用来攻讦革命,也可以被用来攻讦旧制度和旧价值,但只有站在人民的立场上才可以有建设、有创造。同时,冯契还指出:"虚无主义是一种形而上学的理论。对历史,持循环论者的看法;对现实,抱冷眼旁观的态度。"[2]这导致了虚无主义"既缺乏彻底的科学精神,又缺乏面对现实的战斗力量。"[3]而唯物辩证法则使得我们能对历史和现实有正确的分析,能把理论与实践相结合,在革命的实践中看到光明、发现光明。这里冯契只是笼统地说克服虚无主义立场、观点和方法问题,而且主要是针对当时否定革命的虚无主义思想观念而言的。不过,在这当中我们也可以看到,冯契对虚无主义的哲学内涵已经有所关注,他后期哲学史写作中对虚无主义的批判思想在这里已然展露出端倪。他关于虚无主义是一种形而上学的理论的说明,以及结合中国传统"虚无"思想来分析当时的"虚无主义"观念,某种程度上也反映了冯契对"虚无主义"并不是简单地作为泛政治化的指责话语来运用,而是对虚无主义有着哲学层面思考上的自觉。

另外,在1955年冯契撰写出版的《谈谈革命的乐观主义精神》小册子中,他也在革命话语的语境上继续批判了虚无主义。在这本小册子中,冯契立足于辩证唯物主义的哲学原理,一方面批评了庸俗的乐观主义,另一方面批判了虚无主义与悲观主义,而倡导青年人在与人民群众的结合中,培养革命的乐观主义精神。在这本小册子中,冯契指出,《旧约》中提到的"'凡事都有定期,天下万物都有定时。生有时,死有时。……做事的人在他的劳碌上有什么益处呢。……世人遭遇的,兽也遭遇。……人不能强于兽。都是虚空,都归一处,都是出于尘土,也都归于尘土。'这便是虚无主义和悲观主义。"[4]这里,他实际上是将虚无主义视为与宗教相关联的剥削阶级的唯心主义的世界观,而这样的世界观也是被

---

[1]　冯契:《论虚无主义》,《冯契文集》(增订版)第11卷,第178页。
[2][3]　同上书,第178页。
[4]　冯契:《谈谈革命的乐观主义精神》,《冯契文集》(增订版)第9卷,第105页。

革命话语所否定的。

总之,在《论虚无主义》中,冯契对"虚无主义"的理解和运用主要呈现了一种泛政治化的理解特征,他所批判的"虚无主义"更多的是对社会革命和政治革命的否定态度的否定。冯契对"虚无主义"这一术语的运用一定程度上都可以在革命话语下被理解和评价,"虚无主义"是革命进步性否定意义上的价值表达。不过,在冯契的中国近代哲学史以及"智慧说"的哲学体系创作中,作为对现实社会革命的否定表达意义上的虚无主义被弱化了,而作为思想或实践问题表达意义上的虚无主义突显出来了。

第二节 "虚无主义是变相的独断论"

在冯契晚年对中国近代哲学史的研究以及"智慧说"的哲学体系创建中,他对虚无主义的批判意识显得更加自觉了。这种自觉一方面是基于他对时代中心问题的把握,另一方面则与他对"文化大革命"及其恶果的深刻反思相关。他把这种反思带到中国近代哲学革命对时代中心问题回答的探究中去,认为中华人民共和国成立后的极"左"思潮、教条主义与中国近代哲学革命中的某些缺憾深刻联系着。

一、时代的中心问题与虚无主义

冯契强调哲学思考要面向现实、面向时代,这就要求哲学思考必须能回答现实生活中的问题,只有这样,哲学才可能获得发展和前进。冯契把这种精神贯穿到了哲学思考的始终,他的很多文章都反映了面向时代社会一些实际的具体问题的思考,《论虚无主义》就是这样一种面向具体现实而思的体现。但一种深刻的哲学思想绝不能仅浮于现实层面的问题应对,重要的是在于它能够透过诸多复杂的现实问题而抓住最核心、最本质的问题,也即时代的中心问题。冯契哲学的深刻之处就在于它牢牢抓住了时代的中心问题,而且致力于回答时代的中心问题。

在冯契看来,中国近代严峻的民族危机和巨大的社会变革使得"中国向何处去"的问题成了中国近代社会的中心问题。在思想领域,这一时代的中心问题就具体地表现为"古今中西"之争的问题。"古今中西"之争在人民民主革命取得胜利之前,主要是围绕革命的问题展开的,也就是中国革命道路的选择问题;在新中国成立之后,主要就是如何建设的问题了,也就是怎么才能使我们国家实现现代化的问题。而且,冯契还预言性地指出:"可以说'古今中西'之争贯穿于中国近现代历史,今后若干年这个问题大概还是社会的中心问题。"①实际上,也恰如冯契所言,思想文化领域的"古今中西"之争直到今天也还在延续,而且伴随着世界各国文明更加频繁和深入的交往,不同文明在对话的同时,文明之间的话语竞争也变得更激烈了,在当代中国社会突出地表现为中国话语建构过程中中国传统思想、马克思主义以及现代西方思想的深度比较和融合问题。

"古今中西"之争在哲学上又呈现为更具体的问题,在中国近代,尤其表现在历史观和认识论领域。具体到冯契自身,他把时代的中心问题具体化为对知识与智慧关系的探索。"古今中西"之争制约着中国近代哲学的发展,中国近代很多思想家的研究虽然主要是为了回答"中国向何处去"的问题,但在根本上是围绕"古今中西"之争进行的,虚无主义就在中国近代哲学革命中深刻地暴露了出来。而之所以造成虚无主义,很大程度上就是没有正确处理好"古今中西"之争,有的是在对传统的否定中走向极端的个人主义,有的是在对西方的学习主张中走向自我文化否定的极端,还有的则是在对科学的肯定中走向否定人文的极端,这些实际上都是价值虚无主义的表现。相对于"革命"而言,如果说"能动的革命的反映论"是中国近代哲学革命取得的最主要的成果,那么虚无主义就是近代哲学革命的"负产品"。而且这一"负产品"与中国哲学传统的权威主义和经学独断论相结合,不仅构成了中国现代哲学面临的重要挑战,而且在实际层面上也对中国现代化建设造成了许多挫折。

二、近代哲学革命中的虚无主义问题

在《中国近代哲学的革命进程》中,冯契结合思潮和个案,分析批判了一些近代哲学家的思想是如何导向了虚无主义的。

在分析评价龚自珍的思想时,冯契认为龚自珍是中国近代哲学的第一个先驱。一方面,龚自珍对当时社会的现状作了深刻的揭露和批判,他认为当时社会是衰世而非盛世,反对泥古不化而强调重视现实,冯契认为这是近代"古今"之争的开始。② 而另一方面龚自珍强调"天地,人所造,众人自造,非圣人造",提出了"众人之宰,非道非极,自名曰我"的命题,这一命题反映了个性强烈要求挣脱

---

① 冯契:《〈智慧说三篇〉导论》,《冯契文集》(增订版)第1卷,第4页。
② 冯契:《中国近代哲学的革命进程》,《冯契文集》(增订版)第7卷,第30页。

封建束缚的诉求,标志着近代国人"自我"开始觉醒,冯契认为这是中国近代人文主义的开端①。冯契肯定了龚自珍推崇"自我",强调"自尊其心",是具有近代意义的新思想,但是同时他也指出,龚自珍"未能完全冲破形而上学的天命论的束缚,并陷入了佛学虚无主义的泥坑。"②这是因为龚自珍所强调的"自我"观带有强烈的唯意志论色彩,当他"在政治上不得意,要求改革的意志遭到挫折,其唯意志论走向反面,便到佛家的寂灭境界中去求安慰。"③在唯意志论者那里,"自我"是唯一被承认和肯定的东西,当"自我"遭遇到现实的挫折,对"自我"的怀疑就否定了唯意志论的根本。意志"自我"以外,又无一物可以依赖,就不可避免地会导致陷入虚无主义之中。

在对章太炎哲学思想的分析评价中,冯契肯定了他把革命观念包含在进化论之中的解释,但同时也指出章太炎的"俱分进化论"的主张包含有非决定论和唯意志论的成分,最终导致他陷入了虚无主义之中。"竞争生智慧,革命开民智"是章太炎提出的著名命题。从历史观的角度看,这一命题把革命观念包含在进化论之中,是章太炎进化论思想的突出特点,同时也是对近代历史观的一个发展;从认识论的角度看,这一命题强调"说知依赖于行",认为"人的智慧随着革命活动而增长",从而就"驳斥了改良派借口民智未开不能革命的谬论,也批评了知先于行的先验论观点。"④具体到进化论,章太炎用工具的创造和使用来解释了群的起源与进化,并论证指出革命是世界进化的规律,但他"把生物之所以能合乎目地'用进',归结为发挥了意志力量,以思自造,这就陷入唯意志论了。"⑤而且由于他没能解决偶然性和必然性的关系问题,在他的进化论中还"拖了一个因果报应的尾巴"。⑥ 章太炎的俱分进化论则主要是针对黑格尔进化论主张自然和社会进化"必达于尽美醇善之区"⑦这一终极目标而提出的,认为随着人类智能的增长,人类为善的能力和为恶的能力都在增长,人类追求幸福的本领和制造痛苦的本领都在发展,用他自己的话说就是:"专举一方,惟言智识进

---

① 冯契:《中国近代哲学的革命进程》,《冯契文集》(增订版)第7卷,第35页。
② 同上书,第41页。
③ 同上书,第40页。
④ 同上书,第219页。
⑤ 同上书,第210页。
⑥ 同上书,第215页。
⑦ 章太炎:《俱分进化论》,《章太炎全集》第4册,上海:上海人民出版社,1985年,第386页。

化可尔。若以道德言,则善亦进化,恶亦进化;若以生计言,则乐亦进化,苦亦进化。双方并进,如影之随形,如罔两之逐影,非有他也。"①俱分进化论的提出在很大程度上是因为章太炎看到了西方现代性所造成的种种虚无主义灾难,世界大战的爆发,"文明成为灾难,到处都是道德败坏现象"。② 在某种层面上,这可以视为章太炎抵制现代性造成的虚无主义的一种自觉。但是在如何摆脱"俱分进化"的问题上,章太炎却诉诸佛教,幻想用佛教来培养革命的道德和理想的人格,用佛教发起民众的爱国信心,并认为进化最后应达到"五无"(无政府、无聚落、无人类、无众生、无世界)。这实质上便是走向了对进化论历史观的否定,俱分进化论最终反而陷入了虚无主义之中。

冯契还批判了胡适对民族文化采取的虚无主义态度。对"评判的态度"的强调是作为自由主义者的胡适的一贯主张,而且他尤其主张对中国传统应采取"评判的态度",强调对于"习俗相传下来的制度、风俗"、"古代遗留下来的圣贤教训"、"社会上糊涂公认的行为与信仰"等都应采取评判的态度。总之,就是要"重新估定一切的价值",认为这八个字是对"评价的态度的最好解释"③,并认为这种态度就是新思潮的根本意义之所在,胡适甚至说:"十部《纯粹理性的评判》,不如一点评判的态度。"④冯契一方面肯定了这种评判的态度在近代时期具有反封建的积极意义,但同时也指出,胡适太过于强调"评判的态度"而忽视基本理论,从而陷入了片面性之中。本着这种评判的态度,在中西之争中,胡适主张"中西文化汇合论",认为"只有把西方现代文化的精华与中国固有文化的精华内在地联结起来,才能建立我们的新文化。"⑤但是,胡适走向了极端,而对民族文化表现出虚无主义的态度,这种对民族文化的虚无主义态度表现在他的"全盘西化"主张中。虽然胡适后来曾解释自己赞成"全盘西化"的原意只是强调"充分世界化",但他对民族文化彻底否定的态度却是没有实质改变的。胡适对民族文化采取的虚无主义态度,恰是现代性造成的虚无主义的一种呈现,虽然他并没有陷入绝对的虚无主义中去。

---

① 章太炎:《俱分进化论》,《章太炎全集》第4册,第386页。
② 冯契:《中国近代哲学的革命进程》,《冯契文集》(增订版)第7卷,第217页。
③ 胡适:《新思潮的意义》,《胡适全集》第1卷,合肥:安徽教育出版社,2003年,第692页。
④ 同上书,第696页。
⑤ 冯契:《中国近代哲学的革命进程》,《冯契文集》(增订版)第7卷,第343页。

三、虚无主义与传统的天命论、独断论

在总结中国近代哲学革命进程的得失时，冯契深刻地分析了虚无主义与中国传统哲学中权威主义以及独断论在中国近代的合流问题。冯契指出，唯心主义的天命论和经学的独断论是中国哲学中的腐朽的传统，中国近代哲学革命所批判和反对的对象就是这种经学的独断论（权威主义）的学说。他将自董仲舒到程朱的正统儒学所讲的天命论史观和"以圣人之是非为是非"的认识论都归为独断论（权威主义）的学说，并指出，"一旦这种圣贤的教训被戳穿，变成了骗人的把戏，独断论便走向反面，转化为相对主义或虚无主义（虚无主义其实是变相的独断论）"①。在中国古代也曾有思想家戳穿过经学独断论（权威主义）的学说，但是受到时代和个人的局限，并没有可能真正被冲破。在近代哲学革命中，当经学的独断论和天命论再次被戳穿，相对主义和虚无主义就更加深刻地暴露出来。实际上，传统的天命论、独断论和虚无主义是一直互为补充的，虚无主义是独断论（权威主义）反面的极端，即传统的经学独断论走向反面就成了虚无主义。所以，在批判传统独断论的时候，冯契会提及警惕虚无主义的问题，对独断论的批判不能走向极端，否则就有导致虚无主义的可能，进而陷入信仰危机中。在封建传统中独断论未曾真正被冲破，传统中思想家们总是在独断论和虚无主义两个极端中徘徊和选择；到了近代，中国近代哲学革命在批判了传统天命论和经学独断论（权威主义）之后，虽然相对主义和虚无主义也被释放出来，但随着近代哲学革命的推进，虚无主义也被批判了。

虽然经过了近代哲学革命的批判，但是虚无主义问题并没有完全消亡，冯契提醒人们仍然要警惕虚无主义问题，他指出："对传统文化在近代哲学发展中的消极影响，绝不可低估。……中国固有的优秀传统……在近代哲学革命和马克思主义中国化的过程中，起了极重要的作用；但是传统文化中的糟粕的——天命论、独断论与虚无主义，儒学独尊下的'居阴而为阳'的统治术，小农的狭隘眼界与迷信，等——也继续在起作用。"②并且在谈到当代哲学如何进一步推动哲学革命时，冯契也提到了要警惕天命论、独断论与虚无主义互相补充的传统，他说："中国已经前进了，但是半殖民地半封建社会遗留下来的权力与金钱结合而成

---

① 冯契：《中国近代哲学的革命进程》，《冯契文集》（增订版）第 7 卷，第 625 页。
② 同上书，第 647 页。

为异化力量的现象还会出现,天命论、独断论与虚无主义互相补充的传统还在起作用(当然,有了新的特点)。"①

总的来看,冯契在对中国近代哲学的革命进程研究中对虚无主义问题的关注,不再局限于对"虚无主义"这一观念性表达的理解,而是在现代性发生意义上把握了虚无主义。从解释上看,冯契把虚无主义与中国传统哲学中的天命论以及经学独断论(权威主义)紧密结合在一起来理解,传统哲学中的天命论以及经学独断论思维才是导致虚无主义的哲学根源,虚无主义只不过是变相的独断论,是独断论反向发展的极端表现;从发生上看,近代哲学革命对传统哲学中的天命论以及经学独断论的批判是现代性发生的前提和必然要求,所以虚无主义的现实根源是现代性。

第三节 "做戏的虚无党"与"无特操"的人格

一、虚无主义问题产生的人格根源

现代性所造成的虚无主义实质上是价值的虚无主义,而价值虚无主义和相对主义就其在个体中的呈现而言,根本原因是由于人格的扭曲和自我的堕落。对造成虚无主义的人格的批判,正是冯契关于虚无主义批判的重要语境之一。关注虚无主义产生的人格条件,是冯契在关于虚无主义研究方面的独特贡献。他尤其结合鲁迅笔下对"做戏的虚无党"的批判,分析批判了"无特操"的人格与传统独断论的结合给中国社会带来巨大危害。

在对中国近代哲学革命反思总结中,冯契曾指出:"近代哲学革命的主要批判对象天命论和经学独断论(以及它走向反面成为虚无主义),不仅是哲学的理论,而且体现于一种历史悠久和善于伪装的社会势力,所以要真正克服它,决不是轻而易举的事。"②这直指虚无主义发生的人格根源,虚无主义作为一种理论或思想,只有与人结合它才成了现实的力量,虚无主义深藏于"无特操"的人格之中,或者说"无特操"的人格在根本上就是虚无主义的。在对"文化大革命"十年动乱深刻反思的基础上,冯契尤其分析了传统中"居阴而为阳"的人格在中国

---

① 冯契:《中国近代哲学的革命进程》,《冯契文集》(增订版)第7卷,第649页。
② 同上书,第643—644页。

近代哲学革命中的消极影响,认为这些人表面上讲的都是仁义道德的大道理,实际上做的却是见不得人的肮脏勾当,"特别是助长了一种以'无特操'为特征的社会习惯势力,给思维方式和价值观的变革以极大阻力"①。正是这种人格的存在才使得传统文化中糟粕的东西"披上戏装",而没能在对近代哲学革命的总结中得到彻底的批判,最终导致了中国现代社会建设中的诸多灾难。

所以在"文化大革命"后的哲学思考中,冯契尤其关注人格的问题,不仅对传统中那种"无特操"的人格进行了无情的揭露和批判,而且特别强调要对近代哲学革命进程中关于人的自由和价值理论进行系统的探索和总结。在冯契看来,"居阴而为阳"是封建专制主义者惯用的统治术,认为封建统治者公开宣传"天命垂教,尊孔崇经",但实际上却是不离严刑峻法对民众的压制,这就是一种伪装。这导致了中国传统社会中长期存在的"其上申韩,其下佛老"的现象,也造成了"天命论、独断论与虚无主义互相补充的腐朽传统"②。而在中国近代哲学革命中,天命、名教、经学都受到了批判,成了"僵尸",鲁迅所批判的"做戏的虚无党"就是这些"僵尸"却披上戏装,继续用"居阴而为阳"的办法对人民进行讹诈、欺压。结合鲁迅对"做戏的虚无党"的批判,冯契对"无特操"人格最终导致社会陷入虚无主义做了分析和批判。

二、"做戏的虚无党"

"做戏的虚无党"是鲁迅在对国民性分析和批判中创造和使用的一个词汇,而国民性很大程度上就是国民的人格问题。在《中国近代哲学的革命进程》中,冯契高度评价了鲁迅在国民性分析批判方面的贡献,认为:"鲁迅对国民性的分析,即运用唯物史观来研究国民意识或民族心理,这是一个杰出的贡献。"③"虚无党"的概念本来来自俄国,是对俄国早期虚无主义革命者的称呼,这也是中国近代思想家们最开始接触和理解"虚无主义"这一术语的概念样态,其典型的人格形象是屠格涅夫《父与子》中描述的巴扎洛夫。在鲁迅看来,俄国历史上的虚无党是心口如一的虚无主义者,他们是怎么想就怎么说,怎么说就怎么做;而中国很多自称的虚无党却是心口不一、表里相反,明明"虽然这么想,却是那么说,

---

① 冯契:《〈智慧说三篇〉导论》,《冯契文集》(增订版)第 1 卷,第 23 页。
② 冯契:《"五四"精神与哲学革》,《冯契文集》(增订版)第 8 卷,第 309 页。
③ 冯契:《中国近代哲学的革命进程》,《冯契文集》(增订版)第 7 卷,第 434 页。

在后台这么做,到前台又那么做",所以他将"这种特别人物,另称为'做戏的虚无党'或'体面的虚无党'以示区别。"①实际上,"做戏的"和"虚无党"是两码事,中国社会多的是"做戏的",少的是真正的"虚无党","做戏的虚无党"只不过是做的虚无党的戏而已。"做戏的虚无党"类似儒家传统中所批判的"乡愿",是典型的伪君子,这种人格在中国数千年文化传统中一直大量存在。

鲁迅则特别批判了存在于中国社会"上等人"中的"做戏的虚无党",他说:"看看中国的一些人,至少是上等人,他们的对于神,宗教,传统的权威,是'信'和'从'呢,还是'怕'和'利用'?只要看他们的善于变化,毫无特操,是什么也不信从的,但总要摆出和内心两样的架子来。"②这些旧社会的"上等人"实际上就是权力与金钱结合成的异化力量的代表,如官僚、买办等都在其中。这些人表面上把礼乐、尊孔、保存国故、维持公理等说得天花乱坠,甚至还高喊爱国、革命、振兴实业等口号,但在骨子里除了权力迷信和拜金主义,他们什么都不信,一切都只不过是"做戏",那些庄严的口号也都只是他们伪装的外套而已。"做戏"就意味着可以"用不着认真",而且"前台的架子,总与后台的面目不相同"③。这些"上等人"一旦到后台卸下戏装,正如冯契所说,"实际上是刽子手,暴君,或者如瞿秋白所说,是僵尸,'僵尸还要做戏,自然是再可怕也没有了'。"④

借由"做戏的虚无党",鲁迅批判了中国社会中的"上等人",而"上等人"的统治总是离不开奴才的配合的,这就是传统文化中的主—奴制度。在鲁迅看来,奴隶总还是有抗争精神的,而奴才则安于奴隶的生活,甚至"从奴隶生活中寻出'美'来赞叹,抚摩,陶醉,……使自己和别人永远安住于这生活。"⑤奴才一旦得势掌握权力成了主子,便自鸣得意、无所不为,以一切别人为奴才,而一旦失势或面对自己的主子就一定俯首帖耳,自命奴才。主—奴制度不仅对国民的劣根性的养成产生着深刻的影响,而且其还对中国人的礼教和"面子"文化的形成产生着深刻影响。鲁迅对中国传统的"面子"文化也做了批判,他认为,"面子"是"中国精神的纲领",这意味着"面子"实际上是礼教的重要内容,只是在文化的发展

---

① 鲁迅:《华盖集续编》,《鲁迅全集》第3卷,北京:人民文学出版社,2005年,第346页。
② 同上书,第346页。
③ 同上书,第345页。
④ 冯契:《中国近代哲学的革命进程》,《冯契文集》(增订版)第7卷,第428页。
⑤ 鲁迅:《南腔北调集》,《鲁迅全集》第4卷,第604页。

中维护"面子"经常成了真正的"不要脸"的写照。鲁迅就说:"可惜的是这'面子'是'圆机活法',善于变化,于是就和'不要脸'混起来了。长谷川如是闲'盗泉'云:'古之君子,恶其名而不饮,今之君子,改其名而饮之。'也说穿了'今之君子'的'面子'的秘密。"①而所谓"体面的虚无党"实际上也只不过是借"虚无党"的名义装装面子而已,它与"做戏的虚无党"本质上是一样的。主—奴制度还催生了传统的天命论,一方面美化统治者,一方面教被统治和被压迫者安于奴隶的命运,也就是教他们心甘情愿地去做奴才。在近代革命中,"上等人"披上了"虚无党"的戏服,而奴才则习惯于耍流氓的手段,但他们实际上"都以'无特操'为特点,也就是自己在破坏着礼教和天命论,使'面子'成了虚有其表,'运命'也不足以使人相信。"②而所谓"无特操"就是"人而没有'坚信',狐狐疑疑"③,实际上就是没有价值立场,因而在根本上是虚无主义的。

三、"无特操"人格与天命论、独断论的媾和

结合鲁迅对"做戏的虚无党"以及"无特操"的人格的批判,冯契直接指出:"做戏的虚无党"以及"无特操"的人格实际上就是价值的虚无主义者和实用主义者,并认为这些对社会造成了极其坏的影响,他们以其所作所为,"在社会上广泛散播虚无主义影响和引起普遍'狐疑'情绪。"④这种普遍"狐疑"情绪"年深月久,社会上便形成了一种以'无特操'为特征的习惯势力或国民心理",进而导致了国民人格中普遍的缺陷,也就是鲁迅所说的"坏根性"。国民人格中的这种"坏根性"对后来的国家建设造成了非常严重的后果。

由于没有系统地总结近代哲学革命中关于人的自由和价值理论,而且在新中国成立后很长一段时间内,整个国家都陷入到人民革命不断取得胜利的狂热和盲目中,以至于不仅把鲁迅对"国民性"的深刻批判给遗忘了,而且对千百年传统思想的影响和习惯势力的顽固性也失去了警惕,这就使得"做戏的虚无党"在取得人民革命胜利的中国社会得以喘息,并重新获得了生存的空间。在新社会,这些"做戏的虚无党"披上马克思主义的外衣,变成了"做戏的马克思主义者",重新登台表演。以"做戏的虚无党"为代表的"无特操"的人格一方面与阴

---

① 鲁迅:《且介亭杂文》,《鲁迅全集》第6卷,第132页。
② 冯契:《中国近代哲学的革命进程》,《冯契文集》(增订版)第7卷,第430—431页。
③ 鲁迅:《且介亭杂文》,《鲁迅全集》第6卷,第135页。
④ 冯契:《中国近代哲学的革命进程》,《冯契文集》(增订版)第7卷,第644页。

魂未散的传统天命论和独断论思想相媾和,一方面又得到中国近代革命哲学中兴起的唯意志论思想的助力,最终导致了中国现代化建设中的社会灾难,引发了社会的虚无主义危机。

冯契多次强调要清楚地认识传统天命论和经学独断论思想影响的顽固性,并且极力批判"无特操"的人格,警惕二者的结合。虽然近代哲学革命中对独断论和封建纲常教义做了持续的批判,但由于理论上的盲目性,这些东西依然可能通过改头换面,披上革命的外衣,在新的社会中继续出来作祟。冯契明确说:"天命论和经学的独断论的思想影响是非常顽固的,它像变色龙那样善于改变色彩,甚至可以披上马克思主义的外衣。"①并认为,正是一小撮野心家披着马克思主义的外衣,而实际上却是权威主义和经学独断论的思想余孽,才造成了"文化大革命"动乱,不仅使得个人迷信盛行,也使得唯意志论和宿命论泛滥。"文化大革命"之后,当"迷信"被粉碎,那些"居阴而为阳"的野心家的面目被戳穿,个人从迷信的狂热中冷却下来,独断论和权威主义就走向反面,也即走向虚无主义,许多人便成了虚无主义的俘虏,从而导致了"文化大革命"之后的信仰危机。

以"做戏的虚无党"为代表的"无特操"人格比天命论和独断论的思想更具有顽固性,信仰危机意味着对天命论和独断论的一次新的否定,但是"无特操"的人格不仅没有被充分否定,而且虚无主义还进一步催生了这种人格。冯契就说:"近十多年来,作出了改革开放的战略决策,经济上取得了较快的发展。但就思维方式和价值观念来说,盲目性仍然很大。一窝蜂、随风倒的现象很普遍,言行不一、缺乏操守的现象到处可见,鲁迅所痛斥的'做戏的虚无党'仍然很活跃。"②这表明"无特操"人格不是通过一朝一夕的批判就能消失的,需要与之做长期的斗争;同时也表明,人格具有相当程度的独立性,经济条件的改观或发展并不能完全在相应程度上推动人格上的改善。这提醒我们在进行经济建设的同时,要对人格问题给予特别的关注,社会需要在人格建设上提供正确的价值导向,要持续地批判以"做戏的虚无党"为代表的"无特操"人格。在晚年的哲学创思中,冯契就特别强调理想人格问题,关注人的德性培养问题。

另外,冯契也在思维方法的意义上批判了虚无主义产生的思想根源。虚无

---

① 冯契:《哲学要回答时代的问题》,《冯契文集》(增订版)第8卷,第281页。
② 冯契:《〈智慧说三篇〉导论》,《冯契文集》(增订版)第1卷,第24页。

主义也是形而上学的片面思考方式的结果,在对"对立统一"这一辩证法的根本规律的解释中,冯契就指出:"只说否定就是否定,看不到否定论点中保持着肯定的东西,那么,否定的论断就会导致怀疑论,导致虚无主义。"①"辩证逻辑在阐明肯定之中有否定的同时,要批判形而上学的片面、静止观点。对第二个否定论点,如不指出它是联系、发展的环节,不指出否定中有肯定,就会导致怀疑论、虚无主义。因此辩证逻辑在论证否定的东西与肯定的东西相联系的同时,要批判怀疑论和虚无主义。"②辩证法认为概念是对立统一的,判断的矛盾运动包含了"肯定——否定——否定之否定"三项,要"从肯定到否定——从否定到与肯定的东西的统一",其中的每一个否定都与肯定相联系着,如果走向否定的极端,只看到否定的方面,就会不可避免地陷入怀疑论之中,也就导致了虚无主义。在对近代哲学革命的分析中,冯契也曾指出唯物辩证法是近代哲学家反对独断论和虚无主义的有力武器。不过这种意义上的虚无主义与系统的认识方法论问题相联系着,它在否定和怀疑的意义之外也没有表达更多意涵,所以这里就不做更多阐述了。

第四节 自我的觉醒与近代价值危机

冯契对现代性造成的虚无主义的批判,与他对中国历史和个人遭遇的反思相关,但更为重要的是与现代性在中国社会发生的事实本身相关。中国社会所发生的虚无主义问题如冯契所批判的,与中国社会天命论、独断论的传统以及普遍存在的"无特操"的国民人格相关,但正是在现代性发生意义上,独断论才走向反面,国民人格缺陷的危害才更深刻地暴露出来。现代性所造成的虚无主义早已孕育在了中国近代某些思想观念之中,并由之引发了旧价值传统的危机。

一、现代性的扩张与中国近代的虚无主义

吉登斯曾说,现代性在欧洲出现以后的岁月里,"程度不同地在世界范围产生着影响"③。现代性不仅在欧洲内部自我成长着,而且它还以之为起点,逐步

---

① 冯契:《逻辑思维的辩证法》,《冯契文集》第2卷,第224页。
② 同上书,第232页。
③ 安东尼·吉登斯:《现代性的后果》,田禾译,南京:译林出版社,2000年,第1页。

将全世界纳入它的势力范围,而伴随着现代性的扩张而来的则是虚无主义在世界范围内的降临。这或许令人生疑,因为当对现代性的理解与其发生的"最初的地理位置"紧密联系在一起的时候,这导致了对现代性理解的一种欧洲逻辑,也即必须在基督教的传统背景下来理解现代性,而内在于现代性的虚无主义逻辑也只有基于这一传统背景才有它的深刻性。因而,当非基督教传统的文明被纳入到现代性的势力范围的时候,虚无主义是否会像欧洲那般深刻地发生就变成可疑的了。不过,虚无主义就其作为价值相对主义的呈现而非作为基督教信仰崩溃的结果,才更是现代性在更普遍意义上所内含的,在这种意义上,所有卷入现代性的文明与虚无主义的遭遇就是必然的。

而且越是把现代性视为欧洲文明逻辑发展的结果,那些被卷入现代性之中的文明在逻辑上也越是会导致虚无主义。因为现代性意味着一种文明理解自身的新范式,这种范式就在于不同文明都要以现代性的眼光来审视其既往的历史和文化价值观念。而当现代性被视为一种欧洲逻辑,这实际上意味着欧洲文明成了衡量其他文明的尺度,现代性在全球范围内的扩张,本质上就是欧洲文明的扩张,现代性的扩张就成了其他文明与欧洲文明之间进行的一场必然落败的战争。落败的最严重后果就是有些文明被彻底地消灭掉了,当代人只能从历史研究的故纸堆里了解一点它们曾经在这个星球上曾经存在过的痕迹;情况稍好的,虽然没有被完全消灭,但这些文明自身的传统价值却也受到了巨大的挑战,而且越是历史悠久、文化传统深厚的文明,这种挑战造成的虚无主义后果就越明显,在这方面绝不比基督教信仰崩溃意义上的虚无主义来得弱。

面对现代性,要么去主动选择它,要么被动去适应它。就中国与现代性的关系而言,中国现代性的发生是在西方坚船利炮的猛烈进攻下被迫开启的。面对现代性的冲击,中国近代社会试图通过部分接受现代性来巩固和挽救自身的传统,最开始是在器物上接受现代性(洋务运动),而后是在制度上部分接受现代性改造(维新变法)。然而,传统对现代性的拒斥是内在的,所有这些试图对传统不彻底的现代性改造都注定是失败的,这些失败某种程度上加深了中国近代的民族危机和社会危机,而这又进一步造成了中国近代的价值危机,价值危机的结果就是虚无主义,正如徐复观说的:"虚无主义,可以说是危机时代的必然。"[1]

---

[1] 徐复观:《中国的虚无主义》,《华侨日报》1961年6月19、20日。

中国近代以前的时代危机主要是由文明内部裂变导致的,而近代的时代危机却是文明内部裂变与外部文明入侵共同造成的,因而更为严重,由之造成的虚无主义也更为深刻。也正是因为深刻意识到中国近代社会实际发生的价值虚无主义危机,冯契才在中国近代哲学史的创作中特别批判了虚无主义,只不过他更偏重探究的是造成近代价值虚无主义的思想源头,尤其是从传统独断论走向反面的意义上来谈虚无主义。

中国近代的虚无主义问题最直接意义上体现为由传统价值的没落和崩溃而引发的近代的价值危机。而之所以说中国近代的虚无主义是在现代性视域内的,很重要的一个方面在于它是由于中国近代与现代性的被动接触所直接引发的。不过,与欧洲价值虚无主义内在于启蒙理性确立的现代性本质不同,中国近代的虚无主义一开始表现为内在于现代性本质的危机,这主要是因为现代性在最开始的发生,不是像欧洲那样是奠基于启蒙理性的思想发育的结果,而是被现代性的器物所击败的结果。也就是说,中国近代与现代性的接触是从器物的接触开始的,是现代性的坚船利炮打开了中国近代闭关锁国的大门,把国人从"天朝上国"的迷梦中惊醒,从而对自身价值传统的优越性产生了深刻的怀疑,是近代国家和社会现实层面的危机导致了价值的危机。所以当中国近代社会尝试去接受现代性以自我挽救的时候,对现代性的接受最开始更多也是关注了器物的方面。而当对现代性器物和制度方面的接受面临挫折和失败之后,思想领域的现代性改造也就开始了,一场声势浩大的思想启蒙运动在中国社会展开,其中标志性的事件是新文化运动和五四运动。不过,理性启蒙并无助于解决价值虚无主义的危机,反而使得中国近代的虚无主义在现代性的意义上更加内在化了。

不过,现代性在中国近代由器物层面到制度层面再到思想层面的阶段性扩展也并非完全是泾渭分明的。这种近代不同阶段对现代性在不同层面接受的笼统说法,对于在宏观视野上审视中国近代社会与现代性的关系有意义,但却并不准确。实际上,当中国近代被迫卷入现代性开始,与西方现代思想的接触也随之开始了。面对卷入现代性导致的民族危机和社会危机,中国近代知识分子不仅注意到了西方器物层面的东西,而且同时也关注到了西方的制度和思想,只是相对于对器物的接受,西方的制度和思想一开始只是表现为认识性的对象而非社会性的接受对象。不过,在这之中,中国近代的思想启蒙进程实质上已经开始了,并在思想的层面上冲击着传统价值的权威。

二、明清之际"个人"自我观念的启蒙

回到冯契对中国近代虚无主义问题的关注上,可以发现,在思想层面上导致近代价值虚无主义的最重要的根源是现代"自我"观念的觉醒。现代"自我"观念强调自我是作为经验的个体也即原子论意义上的个人(individual),它也是欧洲启蒙思想的产物,个人作为自然权利的主体被认知,而社会则是通过契约形式而形成的组织,只在达成个人自身的目的上而有意义,个人先于社会而存在。这种"个人"观念的自我观,强调自我的独特性和个性,将"自我"视为价值信念最终的承载主体,"自我"成为衡量一切价值的基本尺度,价值也就成为主观的、偶然的了。这就必然消解传统价值的权威性,从而导致价值相对主义盛行,而价值相对主义则是虚无主义危机的现实征兆,也是虚无主义在现实层面的一般表现。

虽然作为观念的"个人"是在20世纪初才被正式引入中国并广泛开始使用的①,但是作为个体意义的"自我"观念的觉醒却早在明清之际的思想启蒙中就已经有所孕育了。不过,这种"自我"观念的萌芽在清代不断强化的封建君主专制统治下没能继续成长发育,只是以某种潜流的状态被保存下来。进入近代以后,社会危机和民族危机使得封建专制统治出现松动,这种"自我"观念重新获得了孕育的土壤,尤其随着中国近代盛行的唯意志论思潮不断发育着。

在传统"群己之辩"中,就已经蕴含了关于个体的自我意识的认知。但是总体上,传统观念中对"自我"的理解是依附在"家"、"国"、"天下"为代表的"群"观念之上的,而不是具有完全独立意识的个人。这种意义上的"自我"非但无个性可言,更遑论在作为自然权利主体意义上对"自我"的理解。传统中的"自我"是一个被压抑的观念,"自我"往往只能在"群"之中获得自身的定位,而且在传统公私之辩、理欲之辩透显出的关于群己关系的讨论中,对代表个性"自我"的"己"、"我"等观念的理解更多也是负面的,往往强调"克己复礼"、"存天理,灭人欲",总之,作为个性的"自我"被否定和压抑着。直到明清之际,在欧洲启蒙运动蓬勃发展的同时,中国的启蒙思想也内在地发育着,强调个性的自我意识开始在中国文化中崭露头角。

明清之际,一方面新的资本主义生产关系在萌芽;另一方面,与一切封建王朝由盛转衰展露的颓势一样,阶级矛盾和民族矛盾也都更彻底地暴露出来。新

---

① 参见金观涛、刘青峰:《观念史研究——中国现代重要政治术语的形成》,第151—153页。

的生产关系与时代危机共同促生了社会新的自我反思和批判,这一反思和批判的矛头直指封建统治的官方哲学宋明理学。当然,对理学的批判并不是在明清之际才出现的,传统心学本身就展现了对理学主张的抵抗,只是到了明清之际对理学的批判更为彻底和系统。明清之际,就像冯契所指出的,"是一个各个领域都在做批判总结的时期"①。自然科学、文学艺术、哲学思想等方面都深刻反映了对之前整个封建时代的总结性批判,在这些批判之中,带有现代启蒙色彩的民主思想、个性的自我观念都开始萌芽了。

就自我意识觉醒方面来说,在阳明心学中已经表现出"不依靠圣人的权威而且不顾虑传统通常观念的独立的自我意识和赤身担天下的奔放的行动主义"②,其"致良知"的哲学主张某种意义上确立了"作为尺度的良知性的我"③,这在某种层面上就为将作为个体的自我视为价值来源的可能打开了一扇窗。只不过这种关于自我的价值被规定在了"人性的善美的完全的自然"④的基础之上,实际上就是保留了圣人关于价值规定的外衣,因而阳明心学中关于自我意识的觉醒还是在传统儒家思想限度内的,就像日本著名中国古代哲学研究专家岛田虔次所指出的:"在阳明那里,人,作为也包含愚夫愚妇的人的一般,实际上只不过是一种超脱主义,还没有逸脱士大夫的限制。"⑤在阳明后学中,关于自我的思想进一步发育着,这尤其体现在泰州学派开创者王心斋"吾命虽在天,造命却由我"的豪迈断言中,自我开始从天、命的桎梏中解脱出来,岛田虔次甚至把它的意义与欧洲精神史上对神的否定相提并论。然而,从论说的层面上讲,从阳明到泰州学派的心学主流更多地还是在对内在权威承认的意义上对自我进行确认,还没有直接表达出一种与"社会"相对立意义上的作为"个人"的自我。

正如岛田虔次认为的:"当面对宛如真的权威本身一样逼近的另一个权威的时候,为了有相对于'社会'的真实的'个人','个人'必定作为与对立者明显不同的主体,来确定自己的立场。"⑥这实际上是在说,作为相对于"社会"的真实的"个人"自我意识的确立,应该建立在与传统礼教观念直接对抗的思想观念之

---

① 冯契:《中国古代哲学的逻辑发展》(下),《冯契文集》(增订版)第6卷,第202页。
② 岛田虔次:《中国近代思维的挫折》,南京:江苏人民出版社,2005年,第34页。
③④ 同上书,第24页。
⑤ 同上书,第36页。
⑥ 同上书,第77页。

中。于是,一个"非名教所能羁络"的异端——李贽,出场了。李贽痛斥一切维护纲常名教的假道学,其"童心说"中所确立的自我不再服膺于圣人所确立的价值而全然成为可以自我发展出价值的主体,他说:"夫天生一人,自有一人之用,不待取给于孔子而后足也。若必待取足于孔子,则千古以前无孔子,终不得为人乎?"①他与阳明之"良知"的最大不同就在于,他表现出了理论的现实的彻底性,个体的自我作为价值的来源不再只是可能性,而是在现实实践中的真实呈现,作为与社会相对立的矛盾物的个人意识真正发育出来了。可以说,李贽是作为"个人"的自我意识在中国古代发展的顶点,顾炎武就说:"自古以来,小人之无忌惮而敢于背叛圣人者,莫甚于李贽。"②其后一些公认的明清之际的重要启蒙思想家,像王夫之、黄宗羲、顾炎武等,关于"自我"的认知都没有像李贽那样更接近现代性的"自我"理解的程度。他们关于自我理解具有启蒙意义的贡献主要在于"肯定人的个体之'私',肯定人的自然之'欲',都是合理的"③,这为作为个人的自我价值合理性的认同奠定了基础。

三、近代唯意志论思潮中的"自我"觉醒

明清之际的思想启蒙在清代没能继续得到发展,更没有社会化地扩展。到了康熙年间,清代社会秩序重新进入相对稳定的状态,清朝统治者一方面通过大兴文字狱,将李贽、王夫之、顾炎武等启蒙思想家的著作列为禁书,从而直接扼杀了明清之际启蒙思想的萌芽;另一方面,则重新提倡程朱理学,宣扬纲常名教,来笼络知识分子,这实际上是理学对明清之际启蒙思想的反扑。顾炎武的"经世致用"思想在清代"乾嘉学派"那里沦落成训诂考据之学,近代之前整个清代对启蒙有所继承的著名思想家也只有戴震,然而他的思想在当时却长期被冷落。更重要的是,虽然早在明代中后期资本主义生产方式在中国就已经开始出现,但是由于受到中国封建社会自给自足的小农经济模式和中央集权专制统治的双重阻碍,"即使到了鸦片战争的前夕,中国社会也仅仅是出现了资本主义的萌芽,

---

① 李贽:《答耿中丞书》,《焚书》卷一,张建业主编:《李贽全集注》第1册,北京:社会科学文献出版社,2010年,第40页。
② 顾炎武:《李贽》,《日知录》卷十八,黄汝成集释:《日知录集释》,栾保群、吕宗力点校,上海:上海古籍出版社,2006年,第1070页。
③ 高瑞泉:《天命的没落——中国近代唯意志论思潮研究》,上海:上海人民出版社,1991年,第4页。

还没有出现过一个持续的、强有力的、扫荡旧经济的历史运动。"①缺乏足够的经济基础,也就使得明清之际的启蒙思想内在地失去了发展的动力。

　　直到乾隆末年,清朝封建统治由盛转衰,专制统治的松动使得资本主义的萌芽获得了稍许发展的空间,而作为官方意识形态的程朱理学对人欲的否定与这种现实发展着的经济力量的诉求越来越不匹配了,不断加剧的社会危机也唤起了晚清思想家对社会的反思。于是,明清之际的启蒙思想在近代思想家那里得到了延续,个人感性欲望和物质利益重新受到肯定;同时,对作为个人的自我的理解也进一步发展着,对个性解放、意志自由和人的创造力的强调都内含在了启蒙思想在近代的发展中。当然,近代思想家们也不只是汲取明清之际的启蒙思想,陆王心学乃至佛教中反对程朱理学的思想都在近代启蒙中展示出力量。

　　不同于欧洲启蒙运动对理性的高扬,中国近代的启蒙最开始重要的是将自我从深厚的宿命论传统中唤醒,而"过于强大的宿命论传统酝酿成了自身的对立物,有些哲学家以一偏反一偏,走到极端,便是唯意志论。"②所以,首先不是作为理性的自我而是作为意志的自我的觉醒,在近代自我意识的启蒙中扮演着重要角色。所谓唯意志论就是,"在哲学上歪曲、夸大意志的本质和作用,主张将意志、情感本能冲动置于理性(理智)之上。即意志高于理性,而且将意志看作宇宙的本质基础、真相。认为意志'创造'万物。"③也就是强调意志的优先性和决定性。中国近代自我意识的启蒙与近代以来的唯意志论思潮紧密联系着,意志作为属人的力量,唯意志论肯定了自我作为创造的主体性地位,正如高瑞泉指出的:"从鸦片战争到'五四'前后,正是在唯意志论这样一种特殊的形态中,包含有政治上反封建、哲学上反天命那样十分富有革命性的内容,由此积累起哲学发展的积极成果。"④近代唯意志论的兴起不仅是由内部社会危机所引发的对明清之际启蒙的内在发展的结果,而且由现代性入侵所引致的民族危机也使得近代思想家开始放眼看世界,并积极吸收西方现代思想,西方近代哲学中的唯意志论思想构成了中国近代唯意志论思潮的外部源头。

---

① 朱义禄:《逝去的启蒙——明清之际启蒙学者的文化心态》,郑州:河南人民出版社,1995年,第311页。
② 高瑞泉:《天命的没落——中国近代唯意志论思潮研究》,第6页。
③ 冯契主编:《哲学大辞典》,上海:上海辞书出版社,2001年,第1515页。
④ 高瑞泉:《天命的没落——中国近代唯意志论思潮研究》,第6—7页。

近代基于中国内部思想发育出的带有唯意志论思想倾向的哲学家,首推龚自珍。龚自珍在对"衰世"批判分析的基础上,在哲学高度上推崇"自我",他强调:"天地,人所造,众人自造,非圣人所造。圣人也者,与众人对立,与众人为无尽。众人之宰,非道非极,自名曰我。"①这实际上就是把"我"当作了创造性的主体,"我"不仅创造了天、地,而且创造了人类本身,这当中就蕴含了对传统天命观的直接否定。自龚自珍始,"自我"观念在中国近代开始觉醒了。西方唯意志论思想在中国近代产生的影响,主要体现为对叔本华、尼采等公认的西方唯意志论哲学家思想的译介,不过,这主要是进入20世纪后才发生的事情了。而另外一些在近代唯意志论思潮中扮演重要角色的哲学家,像谭嗣同、王国维、梁启超、章太炎等,则是在融合中西方某些思想的基础上提出了各具特色的带有唯意志论倾向的思想。②

总之,近代唯意志论的思潮在根本上挑战和否定了传统天命论的思想,因而也就否定了传统的纲常礼教,这就造成了传统价值观在近代的现实危机。而且,唯意志论还促进了个性的解放,"自我"在理论中越来越被视为具有创造性的个人,并导向个人主义,这也隐含了深刻的价值相对主义危机。这两方面的危机进一步发展就是价值虚无主义的危机。在"五四"前后的近代思想启蒙中,现代西方的各种思想被进一步介绍到中国,传统的价值观受到了进一步批判,中国文明和社会发展的颓势,使得国人产生了严重的文化自卑,整个社会在思想、道德方面都陷入一种混乱无序中,这些都进一步催生了中国社会的虚无主义。冯契关于虚无主义的批判,特别提到了龚自珍、章太炎等如何从思想蕴含的唯意志论倾向导向虚无主义的问题,这正反映了他基于对近代"自我"观念觉醒以及由此造成的近代社会现实层面的价值危机的把握。

第五节 近代哲学变革中知识与智慧的割裂

虚无主义在冯契那里呈现出来的问题性,除了前文指出的近代社会现实层

---

① 龚自珍:《壬癸之际胎观第一》,《龚自珍全集》,王佩诤校,上海:上海古籍出版社,1999年,第12页。
② 详细可以参考高瑞泉的《天命的没落》,其中对这些人的唯意志论思想都有详细介绍。

面上的价值危机,更重要的是在近代哲学变革中也内在地蕴含了虚无主义的危机。在启蒙引致的近代哲学变革中,价值虚无主义问题在中国社会一步步暴露出来。

一、虚无主义与近代理性启蒙

正如导言中所指出的,虚无主义产生的一个根源在于欧洲近代哲学的认识论转向中知识与智慧的断裂。在近代认识论哲学中,人不再是在传统目的论的宇宙观中作为自然的某种目的的存在物(在这种目的之中,人才获得了自身的意义),而成为认识的主体,宇宙自然则是受物理规律所支配的冰冷的、机械的且与人无关的认识对象。这就打破了原来人与宇宙自然之间内在的联结关系,意义世界和物质世界在根本上被分离开,从而使得人自身存在的意义问题暴露出来,这也是根本意义上的虚无主义。

现代性启蒙的发生更是在现实层面上普遍地加剧了意义世界和物质世界的分离进程,启蒙理性导致的"由作为完美智力的理性向作为自然规律的理性的转换",使得理性成了一种纯描述性的认知自然世界的工具,表现为对"客观"的知识的探求。理性支配下的自然祛魅几乎无法阻挡地前进着,人自身所熟悉的确定性的家园越来越被一个充满未知的不确定性风险的世界所取代着,源于确定的家园的意义感也就不断被消解,人的无意义感不断涌现出来。而作为对这种无意义感的抵抗,在对理性不断的肯定中,理性也试图依托自身实现对世界的复魅,从而确立起一个可靠的价值支点,这就是理性自身被神话过程,实际上则表达了相对于知识的超越性追求。然而,理性以其自身为依据对一切事物的审视,内在地否定了自身的神话,理性强调奠基于经验实证的"客观"性与追求超越性内在地冲突着。当理性跨越出"客观"性的边界来言说超越性的价值的时候,它必然导致自我挫败,这也就是"是与应该"问题的暴露。于是,关于一个确定的价值基础的探求,成了面对价值虚无主义的首要问题,休谟的"同情"、康德的实践理性、尼采的权力意志某种程度上都反映了这种寻找确定的价值根基的努力。

可以说,欧洲近代哲学对基于理性确定性的知识的追求取代了传统哲学追求"智慧"的本色,或者说欧洲近代哲学认识论转向中知识与智慧之间出现的断裂,内在地决定了现代性蕴含的价值虚无主义危机。现实地,这一危机表现在了启蒙理性中以重视经验与实证为特点的科学思维模式的兴起,并且这一思维模式逐渐占据了统治地位,使得关于形上智慧的追求要么被遗忘,要么被质疑。近代以来,中国被迫卷入现代性的直接原因正是在于现代科学技术的落败,西方正是凭借现代的器物强行打开了中国闭关锁国的大门,所以当时中国知识分子和统治阶级面对西夷的强势面前,首先想到的是在技术层面上向西方学习。被誉为中国近代"睁眼看世界"的第一人的魏源在《海国图志》中提出的著名口号"师夷长技以制夷",其中所谓的"师夷"指的主要就是学习西方各国在军事技术上的一套长处,认为"夷之长技三:一战舰,二火器,三养兵,练兵之法"[①]。而伴随着对西方技术崇拜的心理认同,不单是技术本身开始被引入中国,更重要的是导致西方现代科学技术兴盛的科学思维方式同样也被引介到中国。表现在哲学上,就是进化论、实证主义等开始兴起,这些在根本上冲击着中国传统哲学的天道观,冲击着传统哲学的思维方式,尤其是经过"五四"前后的启蒙,使得科学主义与人文主义之间的矛盾在近代中国社会更彻底地暴露出来。

二、明清之际的科学思维启蒙

实际上,早在明清之际的启蒙时期,不仅是具有近代启蒙意义的哲学、政治思想开始萌芽,近代自然科学思想也同样在中国开始萌芽了。明清之际,随着商品经济的发展,手工业、农业领域中资本主义萌芽的产生,以及思想领域对理学的批判,使得当时社会弥漫了一股实学思潮,一些启蒙思想家开始走出书斋,他们"或以外在的大自然作为自己终身探求的目标,登山涉水,披奇抉奥;或以总结中国古代的农业与手工业方面成就为己任,足迹所在,遍及神州。他们不再囿于方寸心灵之间的小天地,而是无所畏惧地走向大自然,以向外观察的眼光,以人为控制的实验为手段,去从事被传统视为雕虫小技的科学活动"[②]。所以,尽管在明代中后期以后中国科学技术已经开始全面落后于同时代的欧洲,但当时还是取得了一些居世界前列的科学技术著作,像李时珍的《本草纲目》、徐光启的《农政全书》、宋应星的《天工开物》、徐霞客的《徐霞客游记》等,前面三部著作都在各自领域完成了对中国古代所取得的成就的总结;李约瑟更是高度评价了《徐霞客游记》中所透露出来的近代科学探索精神,认为他的游记在地貌分析上

---

① 魏源:《海国图志》,陈华、黄绍温等点校,长沙:岳麓书社,1998年,第26页。
② 朱义禄:《逝去的启蒙——明清之际启蒙学者的文化心态》,第139页。

的专业性堪比20世纪野外勘测家的考察记录。① 当然,总的来说,这些成就主要还是沿着中国古代基于经验的技术总结的发展理路,还没有真正发展出类似西方近代科学的思维。

不过,在明朝中后期西学东渐的过程中,西方近代科学技术与思维方法在当时的确也影响了很多中国思想家。当时,西方的传教士在东西方文化交流中扮演了关键的角色,中国的哲学思想被引入西方思想界,同时西方思想也开始在中国传播,而且当时中国思想家主要关注的也只是西方思想中科学与技术层面的东西。方以智在论述质测(主要与物理学等自然科学相关)与通几(与哲学相关)关系的时候就指出,西学"详于质测,而拙于言通几"②。徐光启则批评了中国传统天文数学只能说出方法而不能说明道理的问题,提出了数学研究中"以数达理"的原则;在与著名传教士利玛窦合译的欧几里得的《几何原本》中,他也强调数学方法的重要,并且面对西方科学技术,他还提出"欲求超胜,必须会通"③。受西方近代科学技术思维的影响,当时的很多思想家,像黄宗羲、王夫之、顾炎武等,虽然没有专门的科学论著,但在他们的思想中已经透露出近代自然科学思维的萌芽。黄宗羲就提出的要"推物理之自然",认为"穷理者必原其始,在物者必有其因"④,其中蕴含了对因果关系问题的探究;王夫之也提出"盖格物者,即物以穷理,惟实测为得之"⑤的思想,这与强调实证的近代科学思维颇为一致;而顾炎武更是主张"经世致用",提出了科学系统的治学方法,提出"历九州之风俗,考前代之史书"⑥,强调经验的重要,冯契更是因此赞扬他把"朱熹的'格物致知'方法中的合理因素大大发展了,而将其中的形而上学和先验主义倾向在基本上克服了"⑦。

然而,就像明清之际"自我"观念的启蒙被扼杀的命运一样,明清之际科学思维的启蒙也没能发展出类似西方那样的现代科学思维方法。这是因为传统儒

---

① 李约瑟:《中国科学技术史》(第3卷),梅荣照等译,北京:科学出版社,2018年,第525页。
② 方以智:《物理小识·自序》(上),上海:商务印书馆,1937年,第1页。
③ 徐光启:《历书总目表》,《徐光启集》卷八,王重民辑校,北京:中华书局,2014年,第374页。
④ 黄宗羲:《黄梨洲文集·获麟赋》,陈乃乾编,北京:中华书局,2009年,第308页。
⑤ 王夫之:《搔首问》,《船山全书》第12册,长沙:岳麓书社,2011年,第633页。
⑥ 顾炎武:《外国风俗》,《日知录集释》卷二十九,上海:上海古籍出版社,2016年,第1652页。
⑦ 冯契:《中国古代哲学的逻辑发展》(下),《冯契文集》(增订版)第6卷,第327页。

家哲学总体上展现了一种重德轻智的道德蒙昧主义①特征,也就是"只注重主体中德性的高扬,而忽视知性的开发"②;只注重向主体内探求,而忽视对外在世界的探索,就像二程所说的,"学也者,使人求于内也。不求于内而求于外,非圣人之学也。"③而且不论是理学传统还是心学传统也都表现出对自然世界探索的鄙夷态度,而在清代对宋明理学重新提倡中,明清之际科学思维启蒙的精神也就自然萎缩了。顾炎武具有近代科学思维的治学方法最终没能走向"经世致用",转化成对自然探究的方法,而只沦为乾嘉学派的训诂方法。

三、科学思维的兴起与知识、智慧的分裂

虽然类似西方近代的自然科学没能在中国社会内在地发展出来,但是面对近代中国社会的危机,明清之际的科学思维启蒙在近代迅速得到了回响,尤其是经世致用的思想。当中国近代社会面对西方自然科学技术发展的优势而沦为被压迫者时,也迅速地展现出了对西方文明技术方面的认同。鸦片战争后,中国近代思想家开始系统地译介西方近代以来的思想成果,实业救国、科学救国一时成了社会风潮。一些知识分子开始走出国门,向西方系统学习现代自然科学知识,反映在哲学思想方面,典型地带有科学思维特征的进化论、实证主义等思想在中国近代迅速传播。同时,逻辑思维方法的问题也开始受到重视,虽然明清之际的启蒙中,徐光启、黄宗羲等也重视数学思维,并且分别提出过"以数达理"、"借数以明理"④的观点。但是西方形式逻辑的长处在近代才真正被认识清楚,严复就强调学习西方形式逻辑的重要性,并认为培根的归纳法是西方学运昌明的重要原因;章太炎同样重视形式逻辑,只不过相比于严复强调归纳,他更强调演绎。

尽管中国的现代性是外源性的,然而经由理性启蒙导致的现代性所造成的虚无主义与西方内生性的现代性所引发的虚无主义并没有本质上的不同,有所

---

① "蒙昧主义是这样一种理论,它轻视、贬低甚至反对去探索可以认识的,具有丰富内容的自然现象及其客观规律,否定知识、科学在人的生存和发展中所应有的合理地位和价值,抹杀人的理性思维能力在认识外在事物中的积极意义,使人们陷于蒙昧无知的状态。在西方,这种蒙昧主义往往是和基督教神学思想相联系的;而在中国,它是和重德轻智、道德价值至上的观念捆绑在一起的。如果说前者是神学蒙昧主义的话,那么宋明理学则可称为道德蒙昧主义。"朱义禄:《逝去的启蒙——明清之际启蒙学者的文化心态》,第145页。
② 朱义禄:《逝去的启蒙——明清之际启蒙学者的文化心态》,第145页。
③ 程颐、程颢:《二程遗书》卷二十五,上海:上海古籍出版社,2000年,第377页。
④ 黄宗羲:《黄梨洲文集·答忍庵宗兄书》,第444页。

差别的只是各自所针对的文化背景和体验程度。就前者而言,近代理性启蒙的科学思维在西方是对神学独断论思维的否定,在中国则是对传统经学独断论的思维否定;就后者而言,现代性造成的虚无主义在西方是一个自然的过程,而作为一个晚发现代化的国家,科学主义泛滥导致的价值虚无的后果很早就被意识到,以至于中国社会虽然还远未达至现代性的成熟状态,对现代性的自觉抵制却已经在中国社会中孕育出来了,这也才有了汪晖说的"对现代性的质疑和批判本身构成了中国现代性思想的最基本的特征"①。

正是在对现代文明的反思中,虚无主义才得到了具体的说明和描述,虚无主义及其与时代生活的密切联系才受到广泛关注的,而在中国近代思想家对西方现代文明发展的批判与隐忧中,中国与现代性遭遇的深层问题才得以被关注到。刘森林在对中国近代虚无主义思想的研究中曾提到,虚无主义经由托马斯·卡莱尔和辜鸿铭师生交接传递的线索,指出辜鸿铭虽然没有直接使用"虚无主义",但是他对西方文明器物发达而精神沦落的批判,实际上与施特劳斯批判的德国的虚无主义更为近似。其实,不独是辜鸿铭,对西方现代文明发展的反思,在近代众多思想家或哲学家中都可以看到。梁漱溟在《东西文化及其哲学》中就曾指出了西方现代文明一味追求向前进,而且把自我与自然对立起来,要征服自然,追求物质享乐的问题。"古今中西"之争的问题,其中"今"和"西"实质上代表的就是西方所确立的现代性,而这一争辩中不乏对现代文明发展的诟病,这些诟病某种程度上都是现代性造成的虚无主义病症的体现。

不过总的来说,就像美国学者维拉·施瓦支(Vera Schwarcz)所指出的:"从历史上看,中国人首先注意到如何建成现代国家的问题,后来才注意到启蒙。"②中国近代早期,最开始面临的是在技术层面上实现国家的现代化以抵抗列强的入侵,而随着技术与制度层面挽救民族国家的企图不断遭到失败,知识分子才意识到要"救国"必先"救人",于是,具有更广泛的社会针对性的思想启蒙运动在"民主"与"科学"的旗帜下展开了。然而,也正是在这一真正具有现代性意义的思想启蒙运动中,启蒙现代性引发的价值虚无主义危机也开始彻底地暴露,尤其激烈地表现在了"五四"时期的科学与玄学论战中。

---

① 汪晖:《当代中国的思想状况与现代性问题》,《文艺争鸣》1998年第6期。
② 维拉·施瓦支:《中国的启蒙运动——知识分子与五四遗产》,李国英等译,吴景平校,太原:山西人民出版社,1989年,第6页。

科学与玄学论战根本上是人生观的论战,它反映了两种不同哲学之间的对立,即科学主义与人文主义的对立,实证主义与非理性主义的对立,而在更深层次上,它们则是"近代西方科学和人生脱节、理智与情感不相协调的集中表现"①。王国维将这一问题表述为"可爱与可信"之间的矛盾,他说:"哲学上之说,大都可爱者不可信,可信者不可爱。""可爱者不可信"正是"叔本华、尼采这一派哲学,即西方近代哲学中非理性主义、人文主义的传统";"可信者不可爱"则是"孔德、穆勒以来的实用论、科学主义的传统"。②冯契则从知识与智慧割裂的角度来把握了这一问题,直指现代性造成的虚无主义的问题核心。

冯契从知识与智慧关系来理解"可爱与可信"问题,根源于金岳霖对元学态度和知识论态度的区分。金岳霖把知识论限定在了经验知识的领域,也就是他所谓的"名言世界",这也是一般意义上对知识论的理解。冯契则把金岳霖讲的"超形脱相"、非名言所能表达的元学认为是关于智慧的学说。冯契认为,金岳霖"是试图用划分不同领域的办法来解决'可爱与可信'的矛盾"③。但是,这实际上并没能解决"可爱与可信"的矛盾,而是把可爱与可信割裂开了,而正是知识与智慧割裂开,才造成了科学与人生观的脱节问题。科学与人生观的脱节,使得价值虚无主义问题暴露出来,因为人生意义的问题不再能建立在知识的可靠性之上,而成为无根的或任意的,在实质上也就陷入虚无之中。

---

① 冯契:《〈智慧说三篇〉导论》,《冯契文集》(增订版)第1卷,第8页。
② 王国维:《静安文集续编·自序二》,谢维扬等主编:《王国维全集》第14卷,杭州:浙江教育出版社,2009年,第121页。
③ 冯契:《〈智慧说三篇〉导论》,《冯契文集》(增订版)第1卷,第9页。

第二章　重拾"智慧"：
"智慧说"对虚无主义的根本拒斥

在对中华人民共和国成立前夕社会上存在的"虚无主义"思想观念批判时，冯契提出新社会要采取一种新的方法来取代旧的道路，这一新的方法是站在人民的立场、无产阶级的立场上，用辩证唯物主义的观点、历史唯物主义的观点取代虚无主义的观点。而对现代性导致的虚无主义问题分析批判之后，冯契晚年创立的"智慧说"的哲学体系实际上也针对性地给出了一个应对虚无主义的方案。虽然"智慧说"体系并非直接针对虚无主义问题的回答，但是它针对地回应近代哲学变革中知识与智慧的分裂问题，切中了现代性造成的虚无主义的哲学根源，因而在实质意义上也蕴含了对现代性造成的虚无主义的回应。

知识与智慧的关系问题是让冯契在哲学领域感受到切肤之痛的时代问题，对这一问题的探索也伴随了冯契哲学研究的始终。在冯契看来，欧洲近代哲学的认识论转向局限于从实证科学知识的角度来理解认识论。20世纪早期的中国哲学也深受这种狭义认识论的影响，金岳霖在《知识论》中关于知识论的态度和元学的态度的区分就是一个典型的例证。冯契早年在跟随金岳霖读书的时候，就深刻感觉到这种区分态度是有问题的，并逐渐认识到这一问题的本质就是知识与智慧的关系问题。早在1944年，冯契就在《智慧》一文中着重探讨了"转识成智"如何可能的问题；而到了晚年，冯契更是创立了"智慧说"体系，系统回答了知识与智慧的关系问题。

不同于近代以来的狭义认识论，冯契"智慧说"体系把对世界的认识和对自己的认识联系在了一起，实际上提供了一个广义认识论的方案，从而消解了知识与智慧之间的分裂问题。他从唯物论或实在论的观点出发，在狭义上回答了认识从"无知"到"知"如何可能的问题，从而肯定了认识的客观性，也就消弭了近代先验唯心主义认识论内在地导向认识论的虚无主义的风险。通过对"转识成智"如何可能的解释，从广义上把握了认识论，把对世界的真理性认识和人的自由发展内在地联系在一起，做到了认识论、本体论与价值论的统一，内在地消弭了科学主义与人文主义之间的紧张，从而奠定了克服虚无主义的哲学基础。

具体到价值虚无主义问题上，冯契通过"四界说"的理论解释了价值如何可能的问题，不仅说明了价值的客观基础，而且面向主体之客观存在来思考价值问题。结合中国传统哲学中的价值学说和近代哲学革命中价值观的变革，冯契总结了合理的价值体系的特征，提出合理的价值体系就是要追求社会主义与人道主义的统一、大同团结和个性解放的统一，最终达到真善美的统一，并提出自由劳动是合理价值体系的基石，认为道德行为的特征是自觉与自愿的统一。而且正如冯契特别从人格缺失层面对虚无主义的批判，在"智慧说"体系中，冯契特别关注理想人格的养成问题，这也是实现"转识成智"的内在要求和必然环节。他特别强调了人的自由本质的要求，提出要培养平民化的自由人格，并且通过对"德性自证"如何可能的说明，回答了承载价值信念的真实主体如何可能的问题，并在实践上提供了一个可供参考的方案。尤其是对合理的价值体系的探索以及对理想人格的培养问题的关注，在这两个方面对应对虚无主义的回答更是直接呈现出一种伦理之思，因而透过"智慧说"体系对虚无主义的回应，实际上也给我们提供了在某种程度上认识和把握冯契伦理思想的可能。

本章将着重从整体上阐述冯契"智慧说"的哲学体系如何在哲学的根源上表现出了对虚无主义的拒斥。首先，概括论述了冯契广义认识论的来龙去脉；其次，通过阐明冯契对从"无知"到"知"的认识的第一次飞跃过程的论述，表明冯契如何肯定了认识过程的客观性，从而肯定了价值的客观基础；最后，通过对"转识成智"的阐述，尤其是对冯契"四界说"理论的分析，解释了冯契如何把握了认识论、本体论、价值论的统一。对认识过程的客观性的确认以及认识论、本体论、价值论的统一，正表现了对认识论的和价值的虚无主义的拒斥。通过对"智慧说"的阐发，冯契实际上确立了其伦理思想的哲学形而上学的基础，他把对道德问题的思考上升到了哲学本体论的高度。对冯契伦理思想的理解也应该建立在广义认识论的基础之上，价值论与认识论、本体论的统一正是冯契伦理思想的一个根本特征。

第一节 "理智并非干燥的光"

一、走向广义的认识论

冯契对知识与智慧关系问题的把握直接源于金岳霖。在追随金岳霖学习期间，通过与金岳霖的讨论，金岳霖关于知识论的态度和元学的态度的区分令冯契感到不满。冯契认为"理智并非干燥的光"，认识论也不能离开"整个的人"，从而主张用广义的认识论取代狭义的知识论，要用 epistemology 来代替 theory of knowledge。在一般意义上，epistemology 和 theory of knowledge 是同一个意思，冯契则特别用 epistemology 指称广义的认识论，而 theory of knowledge 则指称关于知识经验的理论即狭义上的知识论。[①] 冯契强调理智上求了解和情感上求满足都是认识论中的重要内容，提出认识论不仅应该要研究知识理论，而且还应该关注智慧的问题，应该谈论元学以及理想人格如何可能的问题。

早在 20 世纪 40 年代冯契就从广义认识论的角度开始了对知识与智慧的关系问题的探索。在《智慧》一文中，他受庄子《齐物论》的一些启发，主要从"观"的角度区分了三种不同层次的认识，即意见、知识和智慧。他认为，意见是"以我观之"，它主要是主观的，"所以意见虽有时正确，却也常掺杂错误，甚至完全错误"；知识则是"以物观之"，因为它反映事物的实在情形，所以是客观的，但"知识的效用是有限的、相对的，知识的正确是有分别的正确"；而智慧是"以道观之"，它的正确是无分别的正确，它的效应则是无限的、绝对的。[②] 他把意见到知识再到智慧的发展视为辩证的过程，并试图通过对"转识成智"的说明，来阐释从"名言之域"向"超名言之域"的飞跃机制问题。这也正是金岳霖区分知识论的态度和元学的态度所遗留的问题，金岳霖把知识限制在了"名言世界"，也就是可言说的世界，而元学智慧则是非名言所能表达的领域，也就是不可言说的

[①] 郁振华在研究中也指出："作为广义认识论的 epistemology，在某种意义上恢复了古典的 episteme（理论知识）完整意义"，"古典的 episteme 内涵丰富，包括形上智慧在内"，它"是沉思永恒真理的结果，它不仅具有认知意义（epistemic），而且具有存在意义（existential）"，而在"近代科学革命之后，episteme 被窄化了，主要指近代实证科学（science）"。郁振华：《扩展认识论的两种进路》，见杨国荣主编：《追寻智慧——冯契哲学思想研究》，第44—63页。

[②] 冯契：《智慧》，《冯契文集》（增订版）第9卷，第1—4页。

世界，从而把知识和智慧割裂开了。冯契的追问也促进了金岳霖后来关于超名言之域问题的思考，在他的《势至原则》一文中就着重探讨"超名言之域"如何能说的问题。

不过，冯契后来也说他对早期的《智慧》一文并不甚满意，认为它"显得太学院气了"，更重要的是他觉得对认识阶段的区分如果只从"观"出发，存在着把问题简单化的风险。① 因而，后来他做了理论上的改进，以无知到知、知识到智慧的两次飞跃来理解认识的过程，这也就把知识和智慧统一到了认识的过程中。在晚年"智慧说"的哲学体系创作过程中，冯契系统地阐述了从无知到知、从知识到智慧的认识的辩证法。总的来说，冯契对知识与智慧关系的问题的思考主要受到三个方面的影响：一是中国传统哲学对认识论相关问题的讨论；二是接着金岳霖的认识论讲，主要体现了西方近代认识论的特点；三是受近代实践唯物主义辩证法的影响。因而他的"智慧说"体系呈现了中国哲学、西方哲学和马克思主义哲学会通的一种尝试。

通过对列宁提出的"三个重要的认识论的结论"②的分析，冯契指出，认识的来源、知识之所以可能的条件以及认识的辩证发展过程三个方面，都是认识论研究的内容。对这三个方面中任何一个方面问题的回答，都是对认识论问题的讨论，因而，认识论的范畴不应该局限于对某个哲学家关于认识问题的探讨确立的标准，而是呈现为一系列关于认识问题的讨论。站在辩证唯物主义认识论的角度，冯契总结了哲学史上提出的四个认识论的问题，即：(1)感觉能否把握客观实在？(2)理论思维能否把握普遍有效的规律性知识？(3)逻辑思维能否把握具体真理(首先是世界统一原理和宇宙发展法则)？(4)人能否获得自由，也即理想人格或自由人格如何培养？前三个问题就是德国古典哲学中讲的"感性"、"知性"和"理性"的问题，其中前两个问题主要是讨论经验知识如何可能的问题，后两个问题则涉及探讨形上智慧如何可能的问题。冯契的广义认识论就是

---

① 参见冯契：《〈智慧说三篇〉导论》，《冯契文集》(增订版)第1卷，第7—8页。
② 列宁在《唯物主义和经验批判主义》中，提出了认识论上的三点结论：第一，物是不依赖于人们的意识，不依赖于人们的感觉而在人们之外存在着的。第二，在现象和自在之物之间绝没有而且也不可能有任何原则的差别。差别仅仅存在于已经认识的东西和尚未认识的东西之间。第三，在认识论上和在科学的其他领域中一样，人们该辩证地思考，要去分析怎样从不知到知，怎样从不完全的不确切的知到比较完全比较确切的知。这个论述划清了马克思主义认识论和非马克思主义认识论的界限。

对这四个问题的回答,是把对世界的认识和对自己的认识统一到了认识论之中。

二、中国传统"智慧"学说对冯契的启示

冯契关于认识论不应该局限于研究知识而应该包含对智慧的探究的认识,很大程度上是受到了中国传统哲学将认识论与本体论统一的影响。在与金岳霖的讨论中,金岳霖也说冯契关于知识与智慧关系的看法可能更接近于中国传统哲学。冯契认为,偏重讲天与人的交互作用、认识世界和认识自己的统一是中国传统哲学的一大特点。他批判了以往哲学研究中对中国传统哲学的偏见,这种偏见直到现在还时不时会表现出来,即认为中国哲学重在讲认识自己,中国哲学家偏重讲做人的问题,而西方哲学则偏重讲认识世界,西方哲学家着重讲求知的问题,并就此认为中国传统哲学中认识论不发达。在冯契看来,这种偏见建立在对认识论的狭义的理解之上,而且还忽略了中国传统哲学在认识世界问题上取得的成就。

从认识论的角度看,中国传统哲学关于认识问题的探讨最开始和天人之辩、名实之辩紧密结合着。天人之辩和名实之辩都包含有对心物关系的探讨,而心物关系又与知行关系紧密相关,尤其到了宋明以后心物之辩、知行之辩都成了中国传统哲学在认识论论域中争论的重要呈现。在冯契看来,心和物的关系是认识的最基本关系,它包含了认识论所涉及的三个主要方面,即物质世界(认识对象)、精神(认知主体)以及物质世界在人的头脑中的反映(概念、范畴、规律)也就是知的内容。这三个方面在宋明哲学中呈现为气、心、理三者及其关系的问题,而且这三者也正是宋明哲学讨论的核心问题。从这个角度看,中国传统哲学并非不重视认识论的问题,冯契明确说:"就中国古代哲学的主流来看,可以说通过心物、知行这些问题的考察,大体肯定了世界可以认识,认识是一个主观和客观、知和行、感性和理性对立统一的运动过程。从孔子、墨子、荀子以下一直到宋明哲学家,东方传统哲学的一个主流就是通过心物、知行之辩的考察,认为认识就是上述各对关系的对立统一运动。"①而且古代许多哲学家也都肯定了通过解蔽以及正确运用范畴能够达到对真理的比较全面的把握,也就是通过言和意来把握道。

冯契认为,在认识论问题上,无论是东方人还是西方人实际上都要求认识世

---

① 冯契:《认识世界和认识自己》,《冯契文集》(增订版)第1卷,第53页。

界和认识自己,只是在有关认识论的四个问题上,东西方哲学各有特点和偏重。具体而言就是,在科学尚未分化的条件下,中国古代哲学偏重于对认识论后两个问题的考察,也就是偏重考察智慧的问题;而西方哲学则偏重于考察关于认识论中的前两个问题,因为只有在近代科学的条件下这种考察才有可能。在考察后两个问题方面,冯契认为,在人与自然、自己与世界的关系问题上,西方近代哲学比较强调二者之间的对立,而中国人则比较关注二者之间的交互作用,强调二者之间的统一关系。这实际上指出了西方哲学在近代表现出的认识论与本体论割裂的倾向,而中国传统哲学则坚持认识论和本体论的统一,也就是坚持把对世界的认识和对人本身的认识联系在一起。

在冯契看来,认识论和本体论的统一正是认识论研究的根本方法。而且他还认为,关于智慧的学说也即对性与天道的认识是我们民族哲学传统中根深蒂固的东西,因而也是最富有我们民族传统特色的东西。中国传统哲学在认识论问题上对智慧的关注,使得冯契在面对金岳霖关于知识论的态度和元学的态度的区分时自然会有所不满意,所以冯契早期对元学智慧如何可能的问题的探讨,很大程度上就受到了中国传统哲学的启发,这同样也反映在其晚年"智慧说"体系的建构中。

三、实践唯物主义辩证法对冯契的影响

在解决知识与智慧关系的问题上,实践唯物主义辩证法对冯契产生了重要影响。基于政治上对马克思主义能够救中国的认同,以及理论上对实践唯物主义辩证法的把握,在碰到知识与智慧关系的问题时,冯契将实践唯物主义辩证法作为其学术的基本进路,并且合理地吸收中西方哲学中的一些因素。早在"一二·九"运动时期,冯契就开始接触马克思主义哲学,毛泽东的哲学思想更是直接影响了他对马克思主义的接受。在山西抗战前线,冯契读到了毛泽东的《论持久战》,并从中真正感受到了理论的威力,认为它"完整地体现了辩证思维的逻辑进程"[①];后来他又接触到了毛泽东的《新民主主义论》,在《新民主主义论》中,毛泽东历史性地总结了近代思想领域中的"古今中西"之争,而且还正确地解决了文化领域中的古今、中西的关系。冯契认为,毛泽东在《新民主主义论》中提出的"能动的革命的反映论"反映了时代的精神,是在延续传统心物、知行

---

① 冯契:《〈智慧说三篇〉导论》,《冯契文集》(增订版)第1卷,第11页。

之辩基础上,中国近代哲学革命取得的最主要成果。这都促使冯契在哲学道路选择上,决心沿着辩证唯物主义的路子前进。不过,冯契也认识到,"能动的革命的反映论"并没有解决知识与智慧关系的问题,它主要也只是讲了有关知识的理论,而没有讲关于智慧的学说。所以,冯契给自己规定的哲学任务就是,根据实践唯物主义辩证法来阐明认识由无知到知、由知识到智慧的辩证过程。

沿着实践唯物主义辩证法的道路,冯契在金岳霖知识论思想的基础上做了进一步发挥,创立了"智慧说"的哲学体系,回答了知识与智慧关系的问题,也即阐明了认识由无知到知、由知识到智慧的辩证过程。冯契用"以得自现实之道还治现实"概括金岳霖知识论的中心思想,他认为,金岳霖偏重从静态的方面分析人类的知识经验,这在某种程度上忽视了社会实践的历史进化和个体发育的自然进程。因而,冯契着重从动态的方面对这一认识论原理进行了阐述,指出由无知到知的认识过程是矛盾运动着的,知识的科学性呈现为在对知与无知这一矛盾的不断解决中逐渐提高的过程;而且在对世界的认识中,作为认识主体也在不断觉醒着,这表现了认识运动是在认识世界和认识自己中不断促进的过程。在阐述了这一原理基础上,冯契又进一步从"化理论为方法、化理论为德性"两方面对之进行了发挥,特别阐述了自由人格的养成问题,实际上也就是如何获得智慧的问题。

所谓智慧,冯契认为它与人的自由发展内在地联系着,是对道(宇宙人生)的真理性认识,体现为性与天道认识的统一。从认识对象和主体两个方面理解冯契关于认识过程辩证法的阐述,就如其所述,"从对象说,是自在之物不断化为我之物,进入为人所知的领域;从主体说,是精神由自在而自为,使得自然赋予的天性逐渐发展成为自由的德性"[①]。

总之,通过走向广义的认识论,冯契在认识论论域内重新建立起知识与智慧之间的联结关系。作为认识对象的宇宙自然,不再是与认识主体也即人无关的冰冷的世界,而是积极地参与到了人关于自身的理解之中;认识过程就表现为认识世界和认识自己两个方面的互相促进和统一,这实际上就消弭了近代科学主义与人文主义的对立问题。正是从这一角度看,冯契"智慧说"体系实际上从哲学源头上回应了虚无主义的问题。在对认识从无知到知、从知识到智慧这一认

[①] 冯契:《〈智慧说三篇〉导论》,《冯契文集》(增订版)第1卷,第38页。

识辩证过程的阐述中,冯契不仅回答了认识的客观性基础问题,而且也阐释了价值的来源和基础,尤其是从形上智慧的角度对自由理想人格的培养问题的回答,这些都在更具体的层面上给虚无主义问题以应对。

第二节 认识过程的客观性对虚无主义的否定

一、虚无主义与认识的感觉论问题

通过对虚无主义的概念考察①,雅克比首次在哲学层面上使用了"虚无主义"一词,主要是用它来指责当时德国哲学界流行的观念论也即先验唯心论。先验唯心论主张的"绝对自我"观念允许自我之外或离开自我就无物存在,它过分关注知识产生的可能性的主观条件,但这不仅把外部世界消解为意识性的"空无",而且使得自我本身仅只成为"自由的想象力的产物",就是"自我"也虚无化了。当然,雅克比是站在神学立场上反对先验唯心论的,因为把外部世界消解为意识性的"空无"就意味着否定了上帝的实在性。如果抽离神学的立场,虚无主义最开始在纯粹哲学意涵方面的表达就更清晰地显露出来,那就是认识论层面上的客观性或实在性的消失。

自康德完成了哲学中"哥白尼式的革命"之后,近代哲学实际上就进入到主体性哲学的时代,认识论中的主体性越来越被强化,西方现代哲学的发展则进一步延续了这一趋势,杨国荣曾简要分析了这一趋势在现象学、存在主义以及主体间性哲学等方面的发展,并指出:"从某种意义上看,近代以来,主体性、主体间性已渐渐压倒了客观性原则。"②而认识论中客观性的消失正是导致怀疑主义的重要根源,这与价值论层面的相对主义相结合,正是导致价值虚无主义的认识论根源。因而,克服虚无主义很重要的就是要确立认识的客观性基础。冯契的广义认识论就展示了一个不同于近代以来西方认识论的思路,他从不同方面考察了认识过程的客观性,尤其突出地表现在他对广义认识论前两个问题的回答之中。对这两个问题的回答,正反映了认识从"无知"到"知"的过程。

---

① 详见附录一《中国社会的虚无主义问题及其研究》。
② 参见杨国荣:《论冯契的广义认识论》,见杨国荣主编:《追寻智慧——冯契哲学思想研究》,第26—43页。

感觉能否给予客观实在是感觉论的核心问题,而感觉则是讨论认识问题的起点,古希腊哲学家德谟克利特、普罗泰戈拉和亚里士多德等人都曾提出过感觉是认识的开端和起源的观点。对人类认识究竟是怎么回事这一问题的探究,首先不可避免地就要面对人类自身感觉着的事实,而分歧的地方在于感觉本身究竟是怎么回事,感觉和感觉的对象之间究竟是什么关系,这也构成了哲学史上围绕认识论问题的争议的重要方面。从生活常识来看,多数普通人毫无疑问是承认感觉能够给予客观实在的,或者至少多数人的生活是建立在感觉对外部世界承认的基础上的,这也是一种朴素的经验论的观点。像墨子就认为,我们对于外部事物有或无的认识都是我们根据耳闻目见的经验得出的;英国近代经验论哲学家洛克也认为认识是基于我们的感觉的,他虽然把我们的经验分为感觉和反省两个方面,但是通过感觉得到的观念是在先的,而后才有了反省得到的观念。

但是,这些常识的、朴素的对感觉能否给予客观实在问题的回答,有时候太过于简单和狭隘而不能提供令人信服的解释。像墨子就把对感觉经验的信赖发展到这样一种狭隘的境地,即认为人们看到和听到的就是存在着的,就像有人说自己看到过鬼,他就认为鬼是存在的,所以主张"明鬼",这显然是缺乏说服力的。这也导致了哲学史上众多对感觉能给予客观性的质疑,像中国古代的庄子、荀子以及古希腊的怀疑论者等都对感觉的可靠性质疑,古希腊的理念论就是在对感觉经验的质疑与责难中建立起来的。

而洛克的经验论对认识如何可能的解释实际上是一种因果说,即认为感觉的对象和感觉的内容之间是原因和结果的关系。他提出外物有两种性质,其中第一性质是任何情况下都不能与物体相分离的性质,第二性质则是第一性质在人心中产生观念的能力,外物所具有的这两种性质内在地规定了感觉的印象是外物引起的,并且是对外物本身的反映。但是他的两种性质理论实际上是把第一性质归于客观,把第二性质归于主观,这恰恰是把外物和呈现(也即人感觉到的东西)看成是两个项目,呈现是意识本身的反映,而外物则是意识之外的存在,那呈现如何只可能是外物引起的结果而不是由其他原因引起的呢?这也正是贝克莱、休谟以及其后其他实证论者质疑的地方。这些哲学家认为,外物要么是意识内的也就是感觉的内容,要么就是意识外和感觉无关的不可认知的东西,通过感觉经验不可能建立起意识和外物之间的直接联系。这实际上就划分了意识的世界以及意识之外的世界,而且这两个世界之间没有沟通的可能,这种划界后来在康德那里表现得更直接和明显。这种划界的方式对唯物论者、实在论者造成了强有力的挑战,它使得人类的知识永远都处在被怀疑当中,人类的知识大厦失去了客观的基础,而且这还使得外部世界是否真实存在都受到质疑,因为我们从主观经验中不再可能确定地推导出真实地存有外物,也就不可避免地陷入虚无主义之中。

二、"感觉能够给予客观实在"

金岳霖认为近代西方认识论的主流是一种从"此时此地的感觉现象"出发的主观唯心论方式,这种出发方式违背常识,所以才导致了认识论上的困境。而他认为认识论应该从常识出发,基于常识就应该承认客观实在和客观真理,承认感觉经验能给予人对对象的实在感。在肯定了对象的实在感基础上,金岳霖又通过"所与是客观的呈现"的命题,阐述了"感觉能给予客观实在"。所谓"所与"就是外物在感觉中呈现的东西,它是知识最基本的材料。不过,金岳霖把"所与"意义上的感觉的呈现称为"正觉",即"正常的官能者在官能活动中正常地官能到外物或外物的一部分"[①],它区别于错觉、幻觉和梦觉。这也就是说,只有正觉的呈现才是"所与",而非所有的感觉的呈现都是"所与"。"所与"具有双重性,它既是内容也是对象。就内容方面来说,它是正觉的呈现;就对象来说,它是具有对象性的外物或外物的一部分。在"所与"的意义上,感觉的内容和感觉的对象就成了同一个东西。而且正觉除了作为个体正常的官能对外物的感觉,它还意味着"类观",即表现了人类共同的眼界。在前者意义上,个人官能可能会因为病变等因素,使得"所与"可能不是对外物的客观的呈现;而在后者意义上,所与也即外物呈现出的颜色、声音等性质不是"无观"而是"类观",也就是它是相对于人类官能而言的,而且它是相对于人类的正常官能的公共的呈现,而不是由某个感觉者创造出来的,是不受知觉者的意志所左右的,因而"所与是客观的呈现"。

冯契肯定了金岳霖"所与是客观的呈现"的论说,在此基础上,他还进一步用马克思主义哲学的实践观解释了对象的实在感的来源问题,并引入中国传统哲学中的"体用"范畴对金岳霖的论说做了引申,肯定了感觉能给予客观实在。

[①] 金岳霖:《知识论》,北京:商务印书馆,1983年,第125页。

冯契认为,金岳霖关于对象的实在感的说明虽然已经有了鲜明的唯物论的倾向,但还只是基于常识和科学知识的认知,没有科学地揭示出对象的实在感的来源,也就是不懂得对象的实在感是在实践中取得的。

从马克思主义哲学的实践观出发,冯契指出,人正是在借助工具变革世界的实践活动中感知外物的,因而人的感性直观和实践是统一的。他从三个方面论证了实践能给予人对象的实在感,阐明了感觉能够给予客观实在的问题:第一,人的实践活动首先表现为劳动生产,在劳动生产中,劳动者既肯定了劳动对象的独立存在性,也肯定了自身的独立存在性,也正是在这样的实践活动中,感性活动的主体获得了对象的实在感;第二,人的实践是以集体协作的形式展开的,在实践中的分工、交流和配合虽然表明人的感觉是有分歧的,但是同时也表明集体劳动否定了唯我论和主观唯心主义,正是实践活动给予了同一个客观实在的对象;第三,实践给人的认识以检验,这既证明了认识是客观世界的反映,同时也说明物质是独立于人的意识之外的,表明"感觉能够给予客观实在"。从中国传统哲学中的"体用"观角度看,感觉和感觉对象的关系也可以被理解为体和用的关系,例如颜元"以物为体"的说法就认为,感觉既是感觉器官之"用",同时也是外物之"用",体用不二就是肯定"所与是客观的呈现"①。

对"感觉能给予客观实在"的肯定,实际上就肯定了感觉能够给予人对象的实在感,也就肯定了客观实在是存在的。而感觉经验作为人认识来源的基础,"感觉能给予客观实在"也就肯定了认识的基础是客观的,这也在根本上决定了我们关于真理的认识基础是客观的,真理本身也是存在的。而且不仅如此,基于马克思主义哲学的实践观对人的感性活动的理解表明,在感性经验中的主体是具有能动性的,主要表现在两个方面:一是认知方面,表现为人能够区分感性经验中间的正觉与错觉、幻觉、梦觉,而并不是把它们混为一谈;二是情意方面,主要是说感觉经验中总是掺杂有注意。注意一方面表现了主体的意向,也就是说主体的欲望、意志、情感在其中起作用;另一方面有注意就有了选择,选择又与评价联系着,评价则"是事物与人的需要之间关系的反映","而人的需要是被欲望、意志、情感这些因素左右的。"②这样的话,感觉经验就不仅是认知客观实在

---

① 参见冯契:《认识世界和认识自己》,《冯契文集》(增订版)第1卷,第96—98页。
② 同上书,第107页。

的基础,而且也包含了对事物和人的需要之间关系的体验。对此,冯契就说:"感觉一方面为知识大厦提供了原料,另一方面也为价值领域(功利和真、善、美)提供基础,去苦求乐、趋利避害,是价值领域的感性原则。"①这实际上就肯定了,"感觉能给予客观实在"同样也奠定了价值的客观基础。

三、理论思维对世界的把握

对对象的实在感的肯定只能是我们认识实体的开端,而且只是开端而已。要真正实现由"无知"到"知"的飞跃,获得普遍有效的规律性知识,还需要经过更为艰难而复杂的过程,这也就涉及普遍有效的规律性知识何以可能以及如何能把握它的问题,这与理论思维和逻辑相联系着。

人除了有感觉的能力还有知觉的能力,正是通过知觉人才真正获得了知识。而知觉一方面与感性直观联系着,另一方面则与理论思维相联系着。就知觉作为感性经验看,冯契认为,首先,"对事物的知觉不仅给人以客观实在感和所与,而且使人能分别地把握个体的彼此,综合地把握这些个体的性质和关系",也就是说通过知觉人才获得了个体化或者具体化的实在感;其次,知觉识别了个体,并且把对个体的识别和对事实的认知结合在一起;最后,"知觉到的个体、事实,总是同时具有时空形式的"。② 而从理论思维的方面来看,知觉意味着人的一种思维的能力,在这个意义上,知觉对应于康德讲的知性。康德将知性规定为"一种主动地产生概念并运用概念来进行思维的能力"③,而不同于康德认为知性的概念根源于先验逻辑的范畴,冯契认为,知觉"是以得自所与的概念来规范和摹写所与"④,它是关于所思的判断之"觉",这实际上也再次肯定了知觉的感觉基础,因为"所与"始终与客观实在联系着。

除了知觉之外,人还有更重要的思维的能力,就是"统觉"。冯契将统觉规定为意识的综合统一性,它伴随着所有意识,表现了主体的"自觉"。不论知觉抑或统觉,它们都表现了人在通过感觉经验获得的关于世界的形形色色的认识的原料基础上发展出的理论思维能力,以理论思维的方式把握世界,也即是用概念来把握现实,这正是认识的特点。

---

① 冯契:《认识世界和认识自己》,《冯契文集》(增订版)第 1 卷,第 108 页。
② 参见上书,第 108—114 页。
③ 邓晓芒、赵林:《西方哲学史》,北京:高等教育出版社,2005 年,第 213 页。
④ 冯契:《认识世界和认识自己》,《冯契文集》(增订版)第 1 卷,第 137 页。

冯契认为,理论思维是人与动物的根本区别之一,它是人的思维活动中最主要的东西。正是因为理论思维的存在,认识主体才有可能把握住普遍有效的规律性的知识。理论思维对感性材料的抽象过程表现为概念形成的过程,概念就是从"以类行杂"的角度把杂多概括起来。

金岳霖认为,概念对所与表现出了摹状与规律的双重作用,冯契则将之称为摹写和规范。所谓摹写"就是把所与符号化地安排在一定的意念(意向和概念)图案中"[1],其背后深层则涉及言意的问题。而这里的规范,则是指概念表现出的对具体事物的规矩和尺度。不同于康德先验哲学中对概念的认识,冯契对概念的摹写和规范作用的说明,始终将概念建立在对客观现实的感性经验基础上。从概念对所与的摹写作用看,概念表现出一种后验性特征;而从概念对所与的规范作用看,概念则呈现出先验性的特征。在这二者意义上,概念表现了先验和后验的统一。总之,理论思维通过概念对所与的摹写和规范作用,表现了对世界的把握,即表现了认识从"无知"到"知"的过程,这也是以得自所与还治所与的过程,这一过程在现实中则表现为实践、认识、再实践、再认识的螺旋式的无限前进的运动,人类的知识大厦也在这样的运动中不断建立起来。

以上对从"无知"到"知"的认识过程的说明,回答了普遍有效的规律性知识如何可能的问题,它本身也表现了认识主体把握认识的过程。从感觉到概念的认识飞跃,体现了从个别(事实)到普遍(理论)的过程,但这似乎不足以说明从理论返回到更为普遍的事实的有效性,普遍有效的规律性知识之所以可能,还需要思维形式和逻辑的担保。对此,康德和金岳霖都有做出过解释,只不过他们讲逻辑时都有先验论的倾向。冯契则从实践唯物主义的立场出发,通过对辩证法的运用,回答了普遍有效的规律性的知识如何可能的问题。冯契将逻辑视为普遍有效的规律性的知识可能的必要条件,不过他强调,逻辑虽然就知识经验来说具有先验性,但就逻辑之为可能来说,根本上也是源于人的实践活动。

认识的最终成果表现为真理。在对真理性质的认识上,冯契赞成真理的符合论,这也是唯物论者和实在论者的主张,即"认为真就是思想与实在相符合,真命题就是与事实相符合的命题,假命题就是不符合事实的命题"[2]。走向真理

---

[1] 冯契:《认识世界和认识自己》,《冯契文集》(增订版)第1卷,第127页。为了理解方便,括号内容为作者所加。
[2] 同上书,第203页。

的符合论是冯契从实践出发考察人的认识活动的必然,我们通过实践活动给予客观对象的实在感是不以人的意志为转移的,"命题与事实、概念与所与是否符合的问题就是经验中的问题,是经验本身能解决的"①。

冯契对认识从"无知"到"知"的飞跃过程的考察,从各个方面肯定了认识过程的客观性。他从实践出发肯定所与是客观的呈现,从而牢牢确立了认识论基础的客观性;而且实践的观点还贯穿于对理论思维和逻辑的说明上,从而肯定了理论思维和逻辑的客观性;最后走到真理的符合说,更是将认识的客观性原则贯彻到底。对认识过程的客观性的肯定,在直接意义上表现了对认识论的虚无主义的拒斥,而且它还在根本上确定了价值的客观基础,可以说是从认识论根源上为克服价值虚无主义提供了参考。

第三节 "转识成智"对性与天道统一的肯定

一、智慧、真理与转识成智

冯契基于马克思主义的实践观对从"无知"到"知"的认识过程的阐述,已经深刻地揭示出在认识世界过程中人的在场性。而且不同旧唯物论者那种简单的反映论,人在认识世界的过程中不是消极的、被动的,而是积极的、主动的,这种积极主动既反映在认识的过程中,更重要的是人积极地参与到了这个世界的建构过程中。人所认识的世界,重要的不是对一个冰冷的、机械的宇宙的再现,而是对人所积极参与其中的人化的世界(自然)的把握,人对世界的认识和对自己的认识紧密联系着。

因而,就认识的任务来说,认识不仅要认识世界,而且要认识自己;就认识的过程看,认识的全过程不仅是要实现从"无知"到"知"飞跃,而且要完成从"知识"到"智慧"的飞跃,认识世界和认识自己是统一的。认识从"知识"到"智慧"的认识的飞跃,就是"转识成智"问题。从冯契提出的关于广义认识论的四个问题看,转识成智的问题与四个问题中的后两个问题相关,这两个问题又与"化理论为方法、化理论为德性"的问题联系着。正是在对转识成智如何可能的回答

---

① 冯契:《认识世界和认识自己》,《冯契文集》(增订版)第1卷,第204页。

中,冯契真正实现了从狭义认识论到广义认识论的转变,做到了认识论与本体论、价值论的统一,从哲学根源上回答了克服虚无主义如何可能的问题。

"转识成智"是以智慧的存在为前提的,智慧就是关于宇宙、人生的真理性的认识。在对从"无知"到"知"的认识过程的第一次飞跃的阐释中,冯契从实践唯物主义辩证法出发,解释了普遍必然的规律性知识是如何可能的问题,如果普遍必然的规律性知识被实践和逻辑证明,就是真理。冯契肯定了通过一致而百虑的辩证思维,人们是能够把握具体真理的,并且认同符合论的真理观。从真理的符合论出发,冯契也指出:就真理总是表现了它与所陈述的客观实在(事或理)是相符的而言,真理是客观的、独立于人的意识的,因而也是绝对的;同时,符合不应该被视为孤立的命题与实在或思想与实在的一一对应,而应该被视为一个过程。在具体的历史时空条件下,人们或许能够达到在当时实践深度条件下的命题与事实或思想与实在的符合。就这种符合而言,这些命题或认识具有真理性的一面,但就它们的深刻程度而言,则还有待进一步地深化。因而,真理也具有相对性的一面,是绝对性和相对性的统一。

而且真理还有其特殊意义上的表达,冯契说:"在西方,'真理'一词大写等同于'逻各斯'、'上帝';在中国,讲'大理',也即是天道。在这个意义上,真理实际上就是指世界统一原理、宇宙的发展法则。"①因而,逻辑思维能否把握具体真理(在中国古代哲学中表现为"言、意能否把握'道'"),首要解决的问题就成了逻辑思维能否把握世界统一原理、宇宙的发展法则的问题。围绕着这一问题,东西方哲学都展开了深入的讨论,并且取得了很多的成果。冯契认为,在这当中最有价值的成果就是辩证法关于具体真理的学说。

在对真理的绝对性和相对性说明中,多少已经揭示出了真理的具体性,冯契还分别从三个方面谈了真理的具体性:第一,"真理是在过程中趋向客观的完备性,由片面发展到全面",这就是说,人们对具体客观现实的认识经常只表现为事物一个侧面,但是通过一致而百虑的认识过程,人们能克服认识上的片面性,从而获得对事物的比较全面的认识,从而把握真理;第二,"真理的具体性是指主观与客观的一致是个过程,是通过实践与理论的反复而实现的",也即认为在对真理的认识过程中,理论与实践紧密联系着,二者在认识真理的过程中互相

---

① 冯契:《认识世界和认识自己》,《冯契文集》(增订版)第 1 卷,第 227 页。

促进;第三,"真理的具体性指历史性",这也就是说人们对真理的认识受到人所处的具体的历史条件的制约,社会实践所达到的广度和深度深刻地影响着人们对真理的把握程度,只有当历史条件具备的情况下,才可能把握某种具体真理。① 总的来说,冯契认为,真理是过程,辩证法也是过程,通过辩证逻辑思维人们可以把握具体真理。

二、自然界及其秩序中人道与天道的统一

肯定了通过辩证逻辑思维可以把握具体真理,也就肯定了人们能够获得关于宇宙、人生的真理性认识,即人们能够把握关于性与天道的智慧。冯契进一步回答了如何认识和把握"天道"以及"心性"的问题,前者是对世界的真理性认识,也即对"自然界及其秩序"的认识问题,其中涉及世界的统一原理和发展原理的问题,以及本然界、事实界、可能界和价值界之间的联系问题;后者则主要关涉对自己的认识,也即对作为精神主体的人类的本性的认识,主要涉及对自己心灵、德性以及二者关系的认识。通过对这些问题的解释说明,冯契揭示了自然界的秩序是多样统一的,阐明了人性由天性发展为德性的过程,从而更为深刻地表明了认识世界和认识自己之间的联系。

关于对自然界及其秩序的认识。冯契指出,自然界从广义上讲是包括人类社会在内的整个客观的物质世界,也就是整个宇宙。相对于人类精神而言,自然界是先在的,它早于人类之诞生就存在,因而具有第一性的地位。不过,作为人类认识的自然界,不同于作为第一性地位的自然界,而是相对于人并且由于人的活动而改变着的自然界,人类的出现使得自然界出现了分化,有了自在之物(作为本然的自然)和为我之物(人化自然)的区别。作为自在之物的自然界也就是本然界,它是没有能说、没有主客对立时,未曾剖析的混沌的自然。

冯契认为,自在之物是独立于人的意识而存在的,它以自身为原因,并且具有自然的必然性;而为我之物是相对于人的意识的世界,与人的有目的的实践活动相关,并且体现了人的自由的本质。② 从中也可以看出,自在之物和为我之物的区分是相对于人的精神而言的,自在之物相对于人的精神来说就是为我之物,为我之物也就是为人的精神所把握了的自在之物,而就自在之物与为我之物的

---

① 参见冯契:《认识世界和认识自己》,《冯契文集》(增订版)第1卷,第227—229页。
② 参见上书,第238页。

物质性或客观实在性来说,二者具有同一性。从这个角度看,人类认识世界的过程就是不断地化自在之物为为我之物的过程,这一过程的起点是感性实践活动,正是通过感性实践活动人们才不断地把客观呈现为所与,也就是化自在之物为为我之物,主观世界和客观世界才真正紧密地联系在一起。

对自然的认识首先表现为对世界统一原理和发展原理的把握,这也是对认识世界的具体真理的把握。从实践唯物主义的立场出发,冯契认为,世界的统一原理就是物质,表现为物质与运动的统一。这也是中国哲学中讲的"体用不二",因而世界统一原理和发展原理也是统一的,二者统一于天道。

在此基础上,冯契对自然的秩序进行了阐述。冯契首先指出了"自然"在内涵上包括了认识论和本体论两个层面的含义:从认识论看,他指出,"'自然'与'人为'相对,自然物是独立于人的意识的存在,不是人的有目的的活动的产物";从本体论看,他则指出:"统一的物质实体以及分化为各种具体运动形态、各个发展过程、各个个体,凡是'体',都是以自身为动因,而又都相互作用,这即是自然。"[1]这也就是说,人类世界和自然世界也即为我之物和自在之物都统一在了更为本质性的自足的"自然"之中,它们本身都是以这个"自然"为依据,因而根本上是联系着的。作为人认识之自然也即人化自然,不论是人对自然认识的内容还是认识的过程本身,都是作为本原意义上的"自然"的一部分。在这种意义上,认识论与本体论就是统一的。

同样地,自然的秩序(冯契称之为道或天道)就其作为对自然界总的演化发展状态的说明,就是世界和发展统一的原理,具体来说则是万事万物各有其运行规律和条理。就包含了人参与其中的自然的秩序而言,它又表现了人道与天道的对立统一。一方面,人道是天道的一部分,人道作为天道中的内容,它表现为自然界中秩序的一部分,具有其独立于意识的客观性;另一方面,人道与天道又有所区别,相较于天道中的其他事物,人道总是表现为由自在而自为、自发而自觉的运动,它使得自在之物为为我之物,呈现出发展的目的性,就像冯契所说,"离开人道和为我之物,似乎难以讲发展方向……我们讲世界发展原理、自然发展的秩序,当然都涉及发展方向(严格说,没有方向,就不是发展),都是就作为

---

[1] 冯契:《认识世界和认识自己》,《冯契文集》(增订版)第1卷,第245页。

为我之物的自然界来说的"①。

三、"四界说"对价值可能问题的回答

以上对自然的本性、自然的秩序、人道与天道关系的说明都是在本体论上说的。而就"智慧"的本质而言，它关注的是我们如何在认知中获得关于性与天道的认识，也即智慧如何可能的问题，用冯契自己的话说，是要"给本体论以认识论的依据"。因而，重要的是为人所把握的自然界的秩序是什么样的？对此冯契通过"四界说"，即本然界、事实界、可能界与价值界，进行了阐述说明。以上对本体论意义上的自然界的说明，已经论及了本然界，接下来主要从事实界及其规律性联系、可能界与可能的实现过程和价值界与人化的自然，来阐述冯契对人所认识的自然界的秩序问题的回答。

事实界就是进入经验、为人所认识的自然界，它是由无数的事实汇集所构成的。人们在感性实践活动中以得自所与者还治所与，就化所与为事实。为人认识和把握的自然界的秩序就呈现为这些无数的事实之间的联系，这也即是事实界的秩序。冯契认为，"事实界的秩序是事实界固有的，有其客观实在性，但也随着人类知识的发展而历史地发展着，其中包含有人为的规定"②。这也即是说，以客观实在为依据来看，事实之间的联系具有客观实在性；就事实作为人的认识的方面看，对事实关系的认识总是包含着某些历史条件下的主观性的意见在内。

冯契指出，事实界的一般秩序表现为"现实并行不悖而矛盾发展"。所谓"现实并行不悖"，在事实界表现为"不违背逻辑而有自然均衡的秩序"，这也表明了"现实世界是能以理通，即能用理性去把握的世界"；"现实矛盾发展"表现为事实界分化了的万物（事实）是对立统一的，而且整个物质世界（事实界）是矛盾运动的。事实界的秩序除了作为一般秩序的现实并行不悖而矛盾发展，同时冯契还从分化、万殊的角度，肯定了万事万物还有其特殊的规律。作为分化、万殊的事实之间的本质的、规律性的联系也就是理，在冯契看来，理总与事相联系着，没有无事之理，理总是在事中。通过对事与理的辩证关系的把握，人们既可以以事寻理，也可以达到以理求事。

---

① 冯契：《认识世界和认识自己》，《冯契文集》（增订版）第 1 卷，第 246 页。
② 同上书，第 257 页。

可能界就是可思议的领域,事实界中一切事实间的关系都是可思议的。可能界表现了思维领域内的各种可能性的汇集,人们在对事实界的思议中,作为事实之理既是事实及其关系的呈现,同时也表现为思维对事实之理的某种把握;而思维对事实的思议不总是局限于事与理,经常会超出现实的范围,人的思维就总是表现为可能的领域。现实的事与理都是可能,但可能的不一定都是现实的,就此而言,冯契认为,"可能界比起事实界来,其界限不分明,而且比事实界广阔得多。"[1]但是可能界也并非没有界限,因为从根本上来说,可能性总是依存于现实,因而贯穿于现实的一般秩序也同样贯穿于可能界。从这个角度看,可能界首先就排除逻辑矛盾和无意义,而且还要遵守同一律,与科学知识不相违背。

正如事实界的联系是多种多样的,事实界的联系所提供的可能性也是多种多样的,这些多样的联系都是可证实或可证否的,因而也就是有意义的、可以思议的。可能性总趋向于实现,因为可能性总是表现为现实的可能性。可能性的实现是有其秩序的,它表现为一个过程,冯契把这一过程称为"势",也即由可能之有到现实之有的趋势,这一趋势表现为从可能性到现实不断前进的过程。针对金岳霖"理有固然,势无必至"的说法,也即认为现实的事物虽然是有规律的,但是现实的历程是偶然的、无法预测的,冯契则提出,通过全面地把握对象的本质的联系,人们是可以把握发展的必然趋势的,在"势之必然处见理"。

价值界则是"人化的自然,是人类在其社会历史发展中凭着对自然物进行加工而造成的文化领域"[2]。在化自在之物为为我之物的过程中,人们通过实践一方面获得了对客观世界的认识,另一方面又运用这些认识指导人们的实践,能动地改造世界。在这一过程中,客观的自然物得到改造,自然界也就人化了,成了人化的自然。人化的自然本质上也是自然界的一部分,在这一意义上,人化的自然表现了合乎自然的必然性的一面;同时,人化的自然也表现了人的目的在内,从而表现了人自身的社会生活的需要,是人的利益之所在。就后一个方面来讲,人化的自然表现了自然物相对于人的价值的一面,因而也就进入了价值界。

从现实的可能性的方面看,价值表现在了自然必然性之中;从人的需要的方

---

[1] 冯契:《认识世界和认识自己》,《冯契文集》(增订版)第1卷,第265页。
[2] 冯契:《〈智慧说三篇〉导论》,《冯契文集》(增订版)第1卷,第39页。

面看,价值又体现了自然物相对于人而言的有用性。冯契还指出:"价值界就是人化的自然,也就是广义的文化。"①人类的活动主要就表现为文化活动,而创造价值则是人类文化活动的根本特征。价值界的秩序也就是人化自然的秩序,它由人的目的所推动着,人们在实践活动中总是以目的为依据,制定出活动的规则,并用规则来指导和规范实践。而当人的目的符合客观规律,同时又符合人类进步的需要,那这个目的就是正当的,冯契把由正当的目的所规定的活动规则称为"当然之则"。"当然之则"不仅有着相对于符合自然必然性的一面的"当然",而且还有其相对于人的需要的一面的"当然"。在后一个层面,"当然之则"则是由客观历史条件决定的,具有历史的合理性。这种"当然之则"经过人类长期实践,习惯成自然乃至习以成性,人道也就自然化了,这也构成了人类规范性的重要来源。

通过"四界说",冯契实际上阐明了人对天道把握的可能性原理。本然界、事实界、可能界和价值界实际上统一在了化自在之物为为我之物的认识世界和改造世界的过程中,这一过程也是广义的认识论的过程。在这一过程之中,认识世界与认识自己紧密地联系在一起,对天道的把握与对人性的认识紧密联系着,而且这一过程也是价值创造和生成的过程,认识论呈现了与本体论、价值论的统一。在这之中,关于真理的客观性和价值的客观性都在本体论意义上得到确认,因而也就根本上否定了认识论的和价值的虚无主义。

在对认识过程的两次飞跃的阐述中,冯契从不同的侧面肯定了价值的客观性的一面。在对感觉能够给予客观实在的肯定中,他指出感觉也为价值领域提供基础,去苦求乐、趋利避害正是价值领域的感性原则。虽然人们对于苦、乐、利、害的感觉的主观差异非常大,但这些感觉作为对客观事物和人的需要之间关系的反映,也具有客观性。在"四界说"对"价值界"的说明中,冯契揭示了价值论的认识论和本体论根源,肯定了一切价值都是现实的可能性与人的本质需要相结合的产物;而现实的可能性根本上说有其客观的依据,它是以事物本身具有的性质为基础的,从这一角度看,价值表现了自然的必然性,因而也具有客观性基础。

通过对价值的客观性基础的肯定,冯契的价值理论从根本上表现出对价值

---

① 冯契:《认识世界和认识自己》,《冯契文集》(增订版)第1卷,第275页。

虚无主义的拒斥,可能性内在地否定着无意义,人的实践活动在不断使自然人化的过程中也内在地包含了对价值的确认。这些更多表现了对虚无主义的哲学形而上学的回应方式,在"转识成智"对性与天道的统一的把握中,肯定了事实与价值之间的关联,确证了意义的生成,从而在哲学根源上消解了虚无主义威胁。

第四节 "智慧说"的伦理意蕴与价值

一、冯契伦理思想的形而上学奠基

尽管从思考的起点和问题的面向看,冯契"智慧说"体系更容易被认为属于哲学认识论论域的思考,但"智慧说"体系中关于"认识"问题的理解恰恰就是对"哲学认识论论域"的一种否定。因为我们一般关于"哲学认识论论域"的判断或理解是建立在狭隘的认识论基础上的,而"智慧说"体系则是阐明了广义的认识论。认识论不仅应该研究名言知识问题,而且还应该关注元学智慧的问题,关心认识何以可能的条件。因此,从一般意义上对哲学不同论域问题的划分的角度看,"智慧说"体系就有了(狭隘的)认识论以外的哲学意蕴。

正如冯契自己提到的,广义认识论对智慧如何可能问题的关注是要"给本体论以认识论的依据",从认识论的角度看,"智慧说"体系可以说是解决了如何从认识论的角度去把握智慧(本体)的问题。但从本体论的角度看,"智慧说"体系也可以说是用认识论的方式建构或者表现了本体论,"智慧说"体系是认识论与本体论的统一。同时,在"智慧说"体系关于如何获得智慧也即把握性与天道的阐述中,"转识成智"的问题与价值论问题紧密联系着。因而,"智慧说"体系也是认识论与本体论、价值论的统一,不仅是"给本体论以认识论的依据",而且是给价值论以认识论、本体论的依据。

就价值论而言,冯契在"智慧说"体系首先也表现为一种广义的价值论,尤其相对于某些局限在道德意义上对价值的关注而言。在"四界说"对价值界问题的阐述中,可以看出冯契是在物与人的关系上谈价值问题的,价值表现了物对人的有用性的一面,而道德价值也体现在这种"有用性"之中,尤其表现在"当然之则"的创造过程中,而"当然之责"的问题和当代道德哲学中的是与应当问题以及规范性问题等核心论题紧密联系着。因而,从伦理学的角度看,"智慧说"

体系也可以说是冯契伦理思想的哲学形而上学的奠基,冯契伦理思想同其认识论、本体论思想紧密联系着。这也使得冯契伦理思想首先不是以典型的伦理学学科概念来呈现,而且也难以在其认识论、本体论思想之外完全孤立地呈现,也即无法脱离其认识论、本体论思想而独立地阐述其伦理思想,对冯契伦理思想的把握和理解就呈现在"智慧说"的广义认识论体系之中。

当代哲学学科发展的结果和趋势就是不同论域问题研究的细化和区分,甚至在有些人看来过去将不同哲学论域的问题混淆在一起的结果往往是思想理论表达不够清晰。然而,需要说明的是,"智慧说"体系关于认识论和本体论、价值论的统一,并不意味着冯契对三者的混淆,只是冯契更着眼于三者的内在联系。认识论和本体论、价值论既是我们从哲学学科不同论域审视"智慧说"体系所蕴含的三方面的理论呈现,同时这三方面的理论又呈现为统一的"智慧说"体系。离开认识论,其本体论、价值论就失去了根据;离开本体论、价值论,其认识论就会重新回到狭义认识论的窠臼。而且尽管在"智慧说"体系中,认识论和本体论、价值论是统一的,但我们依然可以有侧重点地从不同哲学论域的角度分别阐述其各方面思想,只是有些方面的阐述具有一致性而已。实际上看,"智慧说"体系将认识论和本体论、价值论统一非但没有理论呈现不清晰的问题,这反而恰恰是冯契哲学思想品格的一种体现,体现了一种哲学的综合之思。尤其在哲学学科不同论域间分裂日甚的当下,这种综合之思反而更具有一种特别的理论意义。

从伦理学的角度看,这种综合之思也恰成为冯契伦理思想的一种可贵特点,尤其是对于当代伦理学研究往往局限于道德领域内部的问题与概念分析而言。"智慧说"体系坚持认识论和本体论、价值论统一,不仅表明了伦理问题研究的认识论之维,而且也将伦理学问题论证向着哲学形而上学的理论层面深化,正如有研究指出的,"就国外伦理学的状况来看,它(冯契伦理思想)提供了一种解决科学主义(情感主义)和人本主义(虚无主义)弊端的思路;就国内伦理学的状况来看,它解决了从道德本质的社会学论证向哲学论证的深化问题。"[①]总之,"智慧说"体系是冯契伦理思想的哲学形而上学的奠基,这也决定了对冯契伦理思想的具体分析和把握,从根本上必须围绕对"智慧说"体系的理解来进行。

---

① 陈泽环:《追求自由与善——冯契伦理思想初探》,《吉首大学学报(社会科学版)》2002年第3期。

二、"智慧说"对道德规范性问题的回答

"智慧说"体系作为冯契伦理思想的哲学形而上学的奠基,一个重要的方面就在于其从认识论和本体论根源上通过"四界说"阐明了道德规范性的来源问题。而道德的规范性问题不仅是当代道德哲学研究的核心议题,而且也因其与休谟问题即是与应当问题紧密相关,实际上也是近代以来伦理学关注的核心议题。

伦理学本身就是有关规范的学科,只不过在传统中,规范性更多的是被承认的伦理信念,"做一个有道德的人"对于传统社会中的个人而言往往是不证自明的,甚至在现代社会对很多人来说这都还是一个不用证明的信念。但是现代性发展的结果经常首先就表现为对这些不证自明的信念的怀疑,为什么要做一个有道德的人对于很多人来说开始成为一个实实在在的问题。如果不能合理地解决道德的规范性问题,那么道德相对主义甚至虚无主义便会不可避免地侵袭现实的伦理实践。

冯契所论的"当然之则"尽管不是明确针对道德规范性问题做的理论探究,但在实际上就是对道德规范性问题的一种回应。"当然之则"即是人合乎规律地改造世界的过程中,由这种合乎规律地改造目的所规定的活动规则。从合乎规律的方面看,"当然之则"根源于自然的实事之中,实际上肯定了道德规范性根源于自然之秩序。从自然事实推理出当然之则首先面临的就是休谟问题的挑战,存在着自然的事实或道德的事实到这种事实是应当遵守的规范之间还存在着逻辑的鸿沟。传统的自然主义者是把人的生活秩序内嵌在自然秩序之上的,从而自然秩序就内在地规定了人的行为规范。而现在不仅这种内嵌的结构可能值得怀疑,甚至就算不怀疑这种生活秩序内嵌于自然规则之上的结构,自然规则的事实何以规定了生活之规则在理性上依然存在着巨大的问号。

尽管冯契也肯定了"当然之则"的自然之源,但这并不意味着他是一个自然主义者。"当然之则"根源于自然之规律,实际上就肯定了道德规范的客观性和实在性,只不过通过对实践概念的引入,冯契将传统自然主义意义上的自然之客观建构在了更为庞大的涵容了人化之自然的自然秩序之上。冯契在讲认识论之初就关注到的,"理智并非干燥的光",我们所认识的世界不只是作为冰冷的认知对象而存在的。自然世界固然有其客观性,但我们所认识的世界就其作为我们的认识的对象而言,已然是一个包含了人的目的在内的不断人化了的自然。

这直接体现在我们认识的过程之中,就像冯契在解释"所与是客观的呈现"时所指出的,我们关于对象的实在感是在实践中取得的。

因而,"当然之则"就其所合乎的自然规律而言,不是一个冰冷的无关乎人的光秃秃的自然规律,而是为人所把握的事实界的秩序。一个人所依赖并且人所创造之自然,才是"当然之则"根本上所指向之自然,而这样的一个自然,也是人在实践中不断生成的自然。这也就决定了"当然之则"不同于从冰冷的自然事实中推理出的规范性,它本身就是关于人的世界的事实规则,不是从自然之"是"推出的"应当",它就是人之世界的"应当"。这种"应当"是在我们实践的过程中,也即认识世界和认识自己、改造世界和改造自己的历史过程中不断生成的。整个伦理世界之为可能都是人类在认识和改造世界的实践中创造出来的,伦理关系的事实性存在以及对这些关系的认识也都呈现为广义认识论中的内容。

冯契对"当然之则"的阐述把基于常识意义上的道德事实推理出道德规范性的论证,进一步深化到由实践不断生成和丰富的人化自然的事实来证成道德规范的可能,而人化自然既是打上了人的目的烙印的事实,同时又以本然之自然为根本之依据。因而,冯契是以认识本体论的方式回应了道德规范性问题,为我们理解和把握道德规范性问题提供了一个独特的视野,从对道德规范性问题回应的意义上,也不得不说"智慧说"体系是冯契伦理思想的哲学形而上学的奠基。

第三章　重构合理的价值体系：
自由劳动与真善美的统一

　　现代性所造成的虚无主义实质上是一种价值危机，价值层面的虚无主义根本上是无意义感的表达，并现实地表现为信仰危机或道德危机。这一危机的根源在于知识与智慧的割裂，事实与价值的分离消解了价值的客观性基础。通过对认识过程的两次飞跃的阐述，冯契从不同的侧面论证了价值的客观性的方面，从而表现了对价值虚无主义的拒斥。除此以外，冯契还从区分认识与评价关系的角度，对价值问题做了阐述，并再次肯定了价值的客观性。

　　虚无主义就其作为现代性的问题，不只呈现为理论上的问题，更重要的是它反映了社会现实的危机。哲学上的价值危机反映在社会中则是价值观的危机，人们在价值观上的自我堕落与异化，权力崇拜、金钱崇拜、享乐主义等都是现实中价值观危机的呈现。这些现实中的价值观危机还具体体现在社会实践的种种道德失范现象中，表现为道德的虚无主义，个人主义、利己主义以及非道德主义都是道德虚无主义的表现。因而，从现实层面上看，合理的价值观或价值体系的构成，无疑是面对社会当下的虚无主义问题所迫切寻求的答案。

　　本章主要梳理分析了冯契对合理的价值体系及其构成的阐述，这是从价值观建构的角度对现实层面的价值虚无主义问题的直接回应，并首要表现为对道德虚无主义问题的批判。具体来说，首先，阐述了冯契关于合理的价值体系特征的论述，在总结中国传统哲学有关价值学说的论争和近代价值观的革命的经验教训的基础上，冯契提出合理的价值体系的建构应该体现社会主义和人道主义统一、大同团结和个性解放统一，并总结概括了合理的价值体系的基本原则和特征；其次，阐述了冯契关于"自由劳动是合理的价值体系的基石"的论题，并尝试回答了自由劳动何以可能的问题；最后，阐述了冯契关于真、善、美价值的论述，真善美的价值是合理的价值体系的基本构成，追求真善美的统一是智慧的内在要求。

　　冯契关于合理的价值体系的说明，着眼于中国传统的天人之辩、理欲之辩、群己之辩的历史分析,其中正包含了对个人主义和利己主义的回应,某种程度上为克服道德虚无主义做了回答;对合理价值体系的总结和说明,则反映出冯契对现实的社会伦理关系的关注,这既是冯契伦理思想的重要内容,也体现出冯契伦理思想坚持史与思相结合的分析特征;把自由劳动看作是合理的价值体系的基石,既表明了冯契伦理思想坚持辩证唯物实践论的哲学基础,同时也表明了冯契伦理思想对自由的追求;在对善的价值的说明中,冯契还提出了自由的道德行为的特征是自觉与自愿的统一,深化了我们对道德行为规范的理解。

第一节 合理的价值体系的构成原则与特征

一、评价与价值

在"四界说"中,冯契主要从与认识论、本体论关联的层面上谈了价值论的问题,揭示出了价值的来源与本质。价值是现实的可能性与人的本质需要相结合的产物,正是在创造价值的活动中人们不断改造着自然世界,使自然人化。就认识本身的特征而言,以得自现实之道还治现实的认识过程是无限循环前进着的,因而就价值被创造来说,就存在着对价值的认识问题,对价值的认识表现为认识活动中的评价活动。冯契指出:"人对客观事物的认识不是单纯的认知(congnition),而且还包含着评价(valuation)。"[1]所谓评价,就是确定事物与人的需要之间的联系,作为对这种联系关系的反映,评价自然具有认识的意义。

从评价的角度看,价值就表现为评价的对象,是评价意义的客观化的结果。从认知与评价的区别看,认知的对象是不以人的意志为转移的客观的存在物,认知中的主体和客体关系是一种外在的关系,主要是人的主观认识是否与客观实际相符合,涉及认识的真假问题;而评价的对象是为我之物,是在"物"与"我"(人)所处的一定关系中把握其中所显现出来的物的功能,也就是"把握一定关系中的为我之物具有什么样的功能"。评价论的是好坏,合乎人的需要,物就是好的,就有正的价值;而不合乎人的需要,物就是坏的,即表现为负的价值。在评价中,主体与客体之间的关系是内在的,表现在评价中不同的主体面对同一事物

---

[1] 冯契:《人的自由和真善美》,《冯契文集》(增订版)第3卷,第50页。

的评价可能会有差异,同一主体在不同状况下面对同一事物的评价也可能出现不同。评价推动着人的实践认识活动的发展,它给人的行动和认识以方向,推动着人们去行动,使得作为认知主体的自我越来越认识到自我的完整性,并不断走向自觉。

评价作为对为我之物与人的需要之间的联系的体现,根本上受到人的利益的制约。人的利益既有物质方面的,也包括了精神方面的,归根到底利益在于它表现了人的幸福或快乐的需要。这根源于人避苦求乐、趋利避害的天性,也即人作为生物性的存在的自然本性。冯契就从这一角度对价值进行了解释,并且区分了正的价值和负的价值,他说:"当为我之物能够符合人的需要,给人以满足的时候,人就为得到它而感到快乐,觉得它是可爱的、可喜的,就给予它肯定的评价,称之为'好'(good),称之为利。这就是广义的价值。但为我之物如与人的需要相对立,人一旦得到它就感到痛苦,觉得厌恶、可憎,从而给予它否定的评价,说它是坏、是害。这就是负的价值。"①

人们对事物的评价归结到价值方面,总可以被归结为好或坏、利或害。不过,为我之物与人的需要之间的关系经常不是单一的呈现,评价除了表现为对事物好坏、利害的确认,其中还包含了对好坏、利害的比较与权衡。因为就物对人的需要而言的好或坏来说,并不单纯,而是存在着质和量上的差别的;就人的需要而言,虽然从人的天性上看,人总是倾向于趋利避害、避苦求乐,但是人根本上还是社会性的存在,这就决定了我们关于好坏、利害的需求并不总是直接单纯地满足这种生物本性,有时候为了更长远的好或利,而可能选择忍受苦或害。这就涉及了评价的标准以及评价的发展问题。站在实践唯物主义的立场上,冯契指出,评价应该"以人民的利益为出发点","应把目前利益和长远利益统一起来,不能作片面理解"②。

人能突破生物性的本能而愿意为了长期利益忍受暂时的痛苦,为了更大的利益而牺牲较小的利益。这表明了评价还存在着一个从低级到高级的发展过程,这一过程表现在价值上就是存在着手段价值(Instrument Value)和内在价值(Intrinsic Value)的区别。冯契把从属于一定目的、作为实现这一目的的工具的

---

① 冯契:《人的自由和真善美》,《冯契文集》(增订版)第3卷,第55页。
② 同上书,第58页。

价值称为手段价值,而作为目的本身的价值则是内在价值。从实践的角度看,目的和手段是不可分割的,而且是随着实践的发展相互转化。一切为我之物总是表现了手段价值与内在价值的统一,人类的精神价值与功利也是统一的。在评价中,自我意识在不断地觉醒,同时作为自我意识的良心也不断被意识到,冯契把评价者的自我意识叫作良心、良知,也即有高度觉悟的自我。

冯契指出,价值是评价的对象,是评价意义的客观化,是人的创造性活动的产物。而人的实践活动本身都呈现出一定的创造性特征,因而,人必然生活在价值领域之中。通过对评价与价值关系的论述,冯契再次确认了价值的客观性,价值根源于人的现实的实践活动,而且表现为人们现实的实践活动中的必然,价值创造是主观与客观的统一。在承认实践的基础上,就确认了我们所生存的这个世界实际上是一个价值领域的世界。由于人类在个体和组成社会方面的分化,价值也存在着实际的分化,使得价值好像呈现出某种相对性的特征,但是这并不意味着价值就是相对的,更不能从中导向价值虚无主义。由于人类在实践的程度上存在着差别,价值上的分化是基于实践程度差别的自然反映。基于人类自然本性的共同性,以及人类实践特征的共同性,人们是可以通过对历史的经验的总结,通过对现实实践的把握,不断地消除价值认知上的分歧,取得价值上的共识和认同,并不断达成对合理的价值体系的认知。

二、传统价值学说中的合理原则

通过对中国传统哲学有关价值学说的论争和近代价值观的革命进程的考察,冯契总结概括合理的价值体系的基本原则和特征。冯契指出,中国传统哲学主要从天人之辩、理欲之辩、群己之辩三个方面提出价值体系的原则。传统的儒、墨、道、释诸家在这三个论题上都有重要观点,而且各有所偏,不过总的来说,这些观点经过历史上的争辩,也取得了一些比较正确的辩证的见解。具体来说,表现在以下三个方面:

首先,从天人之辩的方面看,冯契指出,"中国传统哲学从天人关系来讲人道观,在自由理论和价值学说方面提供了人道原则和自然原则"[①]。在先秦时期,儒家和墨家主要发展了人道原则,道家则主要发展了自然原则。儒、墨讲仁爱,虽然各有所侧重,但二者都要求人与人之间要相互尊重以及建立爱和信任关

---

① 冯契:《人的自由和真善美》,《冯契文集》(增订版)第3卷,第85页。

系,这正体现了对人道原则的肯定。当然,这里的人道原则并没有近代的人道主义对个性自由的声张,它只是近代人道主义之"源"。老子则认为,"大道废,有仁义;智慧出,有大伪",要达到理想的人格境界不仅不能够依靠人与人之间的仁爱关系,而且应该"绝圣弃智""绝仁弃义""绝巧弃利",复归自然,强调自然无为,提出了价值观的自然原则。

对人道原则和自然原则的片面强调各有所弊,片面强调自然原则虽然成就了黄老的刑名之学,但同时也导致了玄学清谈现象一度盛行;片面强调人道原则的仁义礼教则可能使得人过分伪装,以至于虚伪骗人的现象不绝于社会。不过,总的来看,自然原则和人道原则在中国传统哲学中的发展是趋向统一的,这也是"天人合一"的一个含义。冯契也指出"天人合一"有形而上学和辩证法的区别,在占统治地位的权威主义价值观那里,主张的是一种独断的天人合一的观点,在理论上走向了宿命论,在实践上则导向了反人道原则。而王安石、王夫之、戴震等哲学家发展了辩证法的天人合一的观点,认为人道原则与自然原则是辩证统一的,他们讲"成性"之说,肯定了人的尊严。近代人道主义思想就与这种观点有关。① 在中国传统的天人之辩中,最终确立了价值上人道原则与自然原则的统一。

其次,从理欲之辩的方面看,冯契指出理欲之辩与义利之辩联系着,最开始表现为儒、墨在价值观上的感性原则与理性原则的对立。墨家重视感性原则,讲"义,利也",就是把道德价值归为功利,感性原则与人道原则、功利主义相统一,对人的尊重就体现为对人的物质利益的尊重,墨家的"节葬"、"非乐"等主张都反映了如此。而孔子则讲"君子喻于义,小人喻于利",实际上是把"义"与"利"对立起来。到了宋代以后,义利之辩逐渐演变成了理欲之辩。以朱熹为代表的理学家强调"存天理、灭人欲",陈亮、叶适等则强调"事功之学",肯定人的情欲的要求,肯定情感欲望得其正就是"道"。总的来看,以朱熹为代表的理学家的主张成为此后封建时代哲学主流,但是"存天理"的主张片面地把理性活动理解为道德活动,使得事功之学、文艺技术之学都成了无价值的。到了明清之际,王夫之、黄宗羲等不满于道学家的偏枯,而继承发展了原始儒家关于"成人"就是要在知、情、意方面全面发展的思想,冯契认为这才比较合理地解决了理欲之辩

---

① 冯契:《人的自由和真善美》,《冯契文集》(增订版)第3卷,第88页。

的问题。总的来说,通过对中国传统哲学中理欲之辩的梳理,冯契肯定了传统哲学中价值上的人的全面发展的原则。

最后,从群己之辩的方面看,在先秦儒、墨的人道原则中,实际上都透显着他们对群体生活的承认和重视。尤其是在荀子那里,他提出了比较完备的群体理论,其中深入地探讨了群己之间的关系,不过相对于"己",荀子更加关注"群"的价值。同一时期的杨朱则主张"为我""贵己",强调个体的价值,这后来又发展为"无我""无己";庄子和后来的佛教都强调在"无我"中去成就个体之自由,实际上也都是强调个体之价值。但是理学家在理欲之辩中把"无我"的口号继承过去,强调个体之私,从而造成了对个体价值的否定;王阳明及其后学则重新恢复了"无我"在个人自由上的表达,强调个性。对此,冯契分析指出:"王阳明把'理'的展开看作是人类认识的历史过程和个体认识的发育过程,反对了原来程朱把'理'看作是凝固的、外加于人的倾向。泰州学派和李贽反对'存天理、灭人欲',讲人必有私,更明确地强调了个性,揭露道学的虚伪、有其进步性。"[①]到了明清之际,黄宗羲、王夫之等一方面从不同方面关注了人之个性的一面,同时也都强调"我"对社会、国家的责任,实际上做到了个人原则与群体原则的统一。

总之,冯契认为,"强调自然原则和人道原则的统一,身和心、理智和情意的比较全面和多样化的发展;群己统一,既尊重个性又要有高度的社会责任感和爱国主义精神等",是中国传统哲学在价值体系原则上所取得的积极成就。

三、近代群己之辩对价值人道原则的确认

以上中国传统哲学在价值观和价值原则方面取得的积极成果,在中国近代社会又获得了进一步的发展。中国近代经历了社会革命,同时在哲学领域也进行哲学革命,其中也包括了价值观的革命。冯契认为,中国近代哲学革命在价值观领域还没能得到很好的总结,近代思想家像李大钊、鲁迅等都提出了许多新的价值观的原则,但是这些原则后来都没有被很好地坚持,这是造成新中国成立之后社会建设遭遇曲折的重要原因,同时也是造成当代社会道德扭曲现象不断发生的重要原因之一,至少起了推波助澜的作用。

具体来说,冯契认为,中国近代价值观的革命突出地表现在群己之辩上。从龚自珍开始,"自我"观念开始觉醒了,近代对"自我"的强调不同于传统哲学中

---

① 冯契:《人的自由和真善美》,《冯契文集》(增订版)第3卷,第93页。

所表达的"自我",虽然二者都有对"自我"作为个性一面的意涵,但个性的内涵却不同。近代的"自我"观反映了"与商品经济相联系的人的独立性",强调的是个性的自由。近代思想家们普遍强调个性自由,并反对权威主义的价值观。与对个性自由的强调相联系,近代价值观在理欲之辩、天人之辩方面也表现出了一些新的特点。主要反映为对传统理学家"存天理、灭人欲"口号的批判,重视"事功",重视个体的意志和情感,强调人的自由的发展,强调斗争哲学,以及强调进化论思想主张的竞争观念等方面。而且近代思想家还提倡科学精神,重视人的主观能动性,强调人能运用科学方法实现对自然的控制。但是,个性的独立在资本主义的条件下也有可能走向商品和金钱的拜物教,从而造成对人的束缚。

李大钊从唯物史观和马克思主义经济学说出发,提出了个性解放与大同团结相统一、人道主义与社会主义相统一的新的价值观。这种新的价值观在鲁迅的思想中体现为觉悟的知识者和革命先驱的理想人格。以鲁迅的理想人格为基础,冯契在"智慧说"体系中则提出了"平民化的自由人格"。这些新的价值观不仅反对了传统的封建权威主义,而且也反对了资产阶级的实用主义,同时还表现出对权力迷信和拜金主义等异化现象的彻底拒斥。

中国近代价值观变革在取得了一些发展的同时,也有许多的教训。很重要的一个方面表现在,出于近代革命斗争的需要,在20世纪30年代的时候,中国的马克思主义者提出"个人是历史的工具"的学说来反对个人主义和自由主义,造成了某种程度对人的独立性与个性解放的忽视。而这与中国普遍的小农精神眼界相结合,就使得社会主义运动被歪曲了,导致了行政权力支配社会和个人崇拜。另一方面,近代人对"斗争"的强调,后来在马克思主义者那里片面地发展成为阶级斗争和政治斗争,并且把二者看作是一切社会运行的根本。这实际上与传统哲学中把道德活动看作是理性实践活动的唯一形式是同质的,从而陷入了形而上学,造成对人的理解片面化,人道原则也被践踏。

四、合理的价值体系的特征

在总结了中国传统哲学有关价值学说的论争和近代价值观的革命的经验教训的基础上,冯契认为李大钊所提出的大同团结和个性解放统一、社会主义和人道主义统一的新价值观是当代价值观建设中值得追求的目标。同时他也总结说明了这一合理的价值体系的基本原则和特征。

首先,站在实践唯物主义的立场上,冯契认为,"合理的价值体系应该以自由劳动作为目的因",这即是说合理的价值体系应该以实现自由劳动为目标追求。在冯契看来,人类所有价值创造的活动都是人的自由的实现活动,在价值创造活动中,不仅成就了自由的人格,而且也使得社会成了自由的社会。而且历史地看,人类在改造世界的活动中,自由也在不断扩展,通过对劳动异化的克服,人类实践中也在不断地趋近于自由的劳动。

其次,冯契指出,"合理的价值体系的原则就在于正确地解决天人之辩、理欲之辩和群己之辩"。从这些原则要求出发,合理的价值体系内在地要求拒斥天命论、独断论,同时也反对利己主义和相对主义;并且要做到人道原则与自然原则的统一,做到性与天道的统一,追求集体利益与个人利益的统一,也就是要追求个性自由与大同团结的统一。

最后,冯契还认为,合理的价值体系要符合进步人类或人民大众的真实利益,这是最基本的"好"。价值体系作为理想体系,合理的价值体系既是时代进步人类的最高理想,同时也是个人的最高理想。合理的价值体系所追求的理想,应该是达到"基于人民大众的利益又合乎人性的自由发展的真善美统一的境界"。①

第二节 自由劳动是合理的价值体系的基石

劳动在冯契的哲学体系中扮演了非常重要的角色,在其广义认识论体系中,生产劳动作为人的实践活动的首要表现,是认识的最根本的来源;而且劳动还被认为是人的本质特征,正是劳动使人区别于动物,并且超越了动物界,正是在劳动中体现了人的创造力,体现了人的自由的本质。因而,冯契认为,劳动尤其自由劳动对合理的价值体系的形成具有特别的意义,提出"自由劳动是合理的价值体系的目的因"②,"趋向自由劳动是合理的价值体系的基础。"③

一、自由劳动与理想

冯契认为,自由劳动具有理想性,这也是他将自由劳动视为"合理的价值体

---

① 冯契:《人的自由和真善美》,《冯契文集》(增订版)第3卷,第101—102页。
② 同上书,第73页。
③ 冯契:《〈智慧说三篇〉导论》,《冯契文集》(增订版)第1卷,第46页。

系的目的因"的重要原因。在冯契看来,人类所有的奋斗都是向着自由劳动的方向前进的,他不仅说,"自由的劳动就是人的总的目的,就是贯穿于全部人类文化史的目的因"①,甚至还说,"人类的历史就是一部使劳动成为自由的劳动的历史"②。自由劳动的理想性表明自由劳动是可实现的,同时自由劳动是不现实的,至少在当下自由劳动是不现实的,只有在未来共产主义社会才可能普遍地实现。

同时,冯契也指出自由劳动具有现实性,是在每个人的当下都有可能实现的。他经常用"庖丁解牛"、"轮扁斫轮"的例子来说明自由劳动,认为"轮扁斫轮,不徐不疾,得之于手而应于心,这才是真正自由的劳动。"③这表明自由劳动并非只可能在一种预设的未来社会才能实现,而是在任何一个当下都具有可实现性。就理想性的方面来说,冯契是从历史唯物主义的立场出发,表明自由劳动的普遍实现是一个历史的过程,不是一蹴而就的;就现实性方面来说,他则是通过对理想、自由、劳动等概念的界定来说明自由劳动的。

冯契将自由的概念、劳动的概念与理想及其实现联系在一起进行理解和阐释。他认为:"自由就是人的理想得到实现。人们在现实中汲取理想,又把理想化为现实,这就是自由的活动。"④从中可以看出:第一,自由是和主体即人相关的,自由就是人的自由,离开人就无所谓自由;第二,自由是实践的自由,劳动的自由,离开实践或劳动也无所谓自由;第三,自由还是理想与现实的辩证统一的过程,自由不仅使理想得以实现,而且还使理想得以形成。劳动也是实现理想的活动,正如冯契说的:"相对于劳动过程来说,劳动者的观念、表象已经具有了理想的萌芽,或者说,已经具体而微地具有了理想的形态。劳动就可以看作是这种理想形态的观念得到实现的活动。"⑤这也即是说,人的劳动都是有意识有目的的劳动,劳动的过程就是将自在之物变成为我之物的过程,相较于劳动过程本身而言,人在劳动过程之前所持有的目的或观念意识都呈现出了理想性的特征。

综合以上来看,就理想及其实现来说,劳动与自由在这一过程中做着相同的

---

① 冯契:《人的自由和真善美》,《冯契文集》(增订版)第3卷,第78页。
② 同上书,第84页。
③ 冯契:《认识世界和认识自己》,《冯契文集》(增订版)第1卷,第322页。
④ 冯契:《人的自由和真善美》,《冯契文集》(增订版)第3卷,第1页。
⑤ 同上书,第3—4页。

表达,在实现理想的过程中的劳动必然是自由的劳动,而自由也必然要由劳动来体现或表达。总之,自由劳动一方面是理想实现的结果,另一方面也是理想实现过程的展开。在理想的现实性上,理想实现的过程就表现为自由的劳动,这不是说只有实现理想才有自由劳动,而是理想一旦付诸去实现就可能有自由劳动。

所谓"理想",冯契将之做了广义上的理解,认为"人类精神的任何活动领域,都是在现实中吸取理想,再把理想转化为现实"①。在冯契看来,理想具有三个特征:一是"反映现实的可能性,而不是虚假的可能性",正是因为理想反映了现实的可能性,因而才有可能被实现,才有可能被付诸实践;二是"必须体现人的合乎人性的要求,特别是社会进步力量的要求",即表明"理想"是有价值取向的;三是"必须是人们用想象力构想出来的",这一点体现出"理想"还表现为人的意识或目的性的作用。② 由此可以看出,在冯契那里,并非所有设想都可以叫作理想,理想不仅是现实可能的,因而它要把自己努力实现出来;而且还表现出强烈的价值取向,因而内含了一种"好"的价值意味。

更重要的是,这当中还揭示出了自由存在的空间。作为自由表现的理想的实现,是一种内含价值的理想的实现。因而,自由劳动是在一种正面价值的意义上来表达自己,而且在最高的理想意义上,自由劳动甚至可以说是理想在本体论意义上的表达。在这个意义上,自由劳动便内含了真、善、美的统一,因而具有永恒的理想性。而那些具有破坏性的劳动可以说是"任意的",却不能说是"自由的"。人们努力追求理想的实现,实质上也就趋向于自由劳动。自由劳动作为理想的表达,对理想的趋向决定着价值体系的构成;理想又内在地具有合理性,那价值体系自然也就趋向合理,因而,自由劳动便成为合理价值体系的目的因,真、善、美的统一则成了合理价值体系的最完美体现。

以上冯契对劳动、自由、理想和现实的阐发,可以看出:首先,共产主义作为一种社会性的理想,它不仅内含了自由劳动已然实现的要求,也即在共产主义社会自由劳动成为普遍存在的社会事实;而且作为最高理想性的表现,共产主义与自由劳动在这里表达了同一个意思,也即共产主义就是实现自由劳动,自由劳动就意味着要达到共产主义。在共产主义社会这样的社会理想层面,自由劳动就

---

① 冯契:《人的自由和真善美》,《冯契文集》(增订版)第3卷,第3页。
② 同上书,第4页。

表现为共产主义本身的实现过程的展开及其结果。而按照历史唯物主义的观点,共产主义社会的实现是一个历史的进程,是伴随着生产力的发展而不断推进的,而不可能超越生产力发展的水平突然地实现。因而,自由劳动也就必然要表现为这样的一个历史进程,它具有实现的可能性,但却不是现实的,尤其是当这种现实性指的是一种社会的现实性,也即自由劳动成为普遍的社会存在事实的时候。

其次,就个体层面上来看,理想还表现为每个人的理想,只要这个个体理想具有实现的可能性,符合社会的需要,并且是有意识、有目的而为之的,而不是盲目的、任意的,那它就可以成为个体的"理想"。这样的个体理想的实现也是自由的,这样的个体理想实现过程的展开及其结果也是自由劳动。就这个层面上来说,自由劳动不仅是可实现的,而且是现实的。这种实现的可能性和现实性是对每一个人来说的,在任何时代任何人都有可能在对个人理想的实现过程中实现自由的劳动。

共产主义社会达致的自由劳动与现实生活中可实现的自由劳动本质上是一样的,只不过前者着眼于社会整体性的劳动转变和实现,后者则着眼于自由劳动在具体而微的个体中的实现。自由劳动如果成为社会普遍性的现实就必定要在一个历史的进程中实现,要建立在人类社会实践所达到的深度和广度的基础之上;而从自由劳动在每个独特的个体身上实现出来的可能性来看,每一个个体都可能现实地达到自由的劳动,就像"庖丁解牛"、"轮扁斫轮"一样,冯契认为这样的劳动境界达到了一种神化的状态,实现了由"技"入"道"的飞跃,因而是自由的劳动。如此,现实地劳动就与自由劳动真正产生了实实在在的关联,自由劳动不再只是令人生畏的宏大社会理想,而是真正能激起个体当下追求的价值理想。

二、自由劳动的三种对立形态

以上冯契从正面讲了自由劳动何以是合理的价值体系的基石,并且回答了自由劳动与现实劳动的关系问题。从否定的方面,即通过对作为自由劳动对立面的非自由的劳动的阐发,冯契则在某种意义上具体解释了个体在当下达致自由劳动如何可能的问题。

马克思关于自由劳动的理论,某种程度上是站在异化劳动的对立面来讲的,尤其是系统分析了资本主义生产方式下劳动异化的问题。虽然说异化劳动不是资本主义发展阶段的特有现象,但是在资本主义的发展阶段异化劳动达到了顶峰,成为生产过程中普遍存在的现象。在《1844年经济学哲学手稿》中,马克思揭示了资本主义生产关系中异化劳动的四种表现:一是"工人对劳动产品这个异己的、统治着他的对象的关系"①,这一关系表现了劳动者同自己的劳动产品相异化;二是"在劳动过程中劳动对生产行为的关系"②,这一关系则表现了劳动者和劳动活动本身之间的异化;三是劳动者和自己的类本质相异化,即"人的类本质——无论是自然界,还是人的精神的类能力——变成对人来说是异己的本质,变成维持他的个人生存的手段"③;四是人同人相异化,这是"人同自己的劳动产品、自己的生命活动、自己的类本质相异化的直接结果"④。通过异化劳动概念,马克思深刻揭示了资本主义制度下社会关系的实质,同时也论证了通过对异化劳动的扬弃来说明共产主义的历史必然性。

冯契也在异化劳动的对立面意义上谈了自由劳动,认为自由劳动的对立面就是异化劳动,只有克服异化劳动,才可能真正实现自由劳动。异化劳动具有典型的历史性形态,也即异化劳动是资本主义生产方式的必然结果和典型表现,至少在马克思那里异化劳动更多是针对资本主义的生产过程而言的,因而消灭异化劳动也必然表现为一个历史的进程。从这个否定的方面看,同样支持自由劳动的实现有赖于历史进程所达致的限度。自由劳动还是人人都可在当下实现的现实性的问题,而且这种现实性不但是人所共有的现实性,而且是每个时代都具有的现实性,因而,自由劳动就绝不只是在异化劳动的对立面的意义上讲的。冯契就指出了作为自由劳动对立面的非自由劳动的三种形态。

自由劳动是自身的原因,就其作为人的最本质的要求看,凡是趋向人的本质,实现人的本质的劳动都应该是自由的劳动。在否定的意义上讲,异化劳动毫无疑问就不是自由劳动,但是非自由劳动却不只是异化劳动,凡是背离人的本质的劳动应该说都是非自由劳动。异化劳动最典型的是表现在对物的依赖方面,而在对人的依赖的时代,如奴隶社会,异化劳动也是存在的,却不是典型的。在对人的依赖的时代,人还不能表现为独立的人,人本身就是不自由的,强迫劳动

---

① 马克思:《1844年经济学哲学手稿》,北京:人民出版社,2000年,第55页。
② 同上书,第55页。
③ 同上书,第58页。
④ 同上书,第59页。

是典型的非自由劳动。

异化劳动和由于人的不自由而导致的劳动的不自由即强迫劳动,都是非自由劳动的体现。然而,即使我们克服了这两种非自由劳动,也即既扬弃了对人的依赖,又扬弃了对物的依赖——实际上异化劳动成为普遍的现象本身也是克服对人的依赖的结果,资本主义生产方式恰恰使个体成为独立的个体,才使得异化劳动这种非自由劳动的形式取代了强迫劳动这种非自由劳动的形式——还很难说就实现了自由劳动。对一个个体而言,实现自由劳动不但要克服异化劳动,更重要的是要克服一切异化,克服了异化劳动并不表示就克服了异化,就像冯契说的"要达到真正的自由劳动,便必须克服异化现象"[①]。虽然冯契这里说的"异化现象"很大程度上还是在说异化劳动,但也表明了其他类型异化存在的可能。

所谓"异化",是黑格尔哲学中首先提出的一个概念,意思是异己化,即从自物产生出彼物,并与自物对立,进而在对立中斗争和演进。黑格尔在纯粹精神领域来说明异化问题的,他认为,整个世界都是绝对精神的产物,绝对精神产生了一个与其对立的自然界,并且产生了具有"客观精神"的人类社会,这二者作为"外物"既是绝对精神的自我表现,同时又可能会束缚个人对绝对精神的认知;绝对精神最终是要回归自身的,在回归中就要借助于对自然界和对人类社会"客观精神"的认知;而如果不能够破除自然界和人类社会"客观精神"的束缚,人就完全迷失在了这种"异化"当中,就永远也不可能回归到绝对精神,也就不能得到真理和自由。马克思则把对"异化"的考察引入到社会生产领域,创造性地发展出异化劳动的理论。

"异化"根本上表明了行动或理解上对人的本质的背叛。在马克思那里,异化产生的一个根源在于人对象化的处理世界的方式,这种方式在异化劳动意义上表达为人被人的劳动对象所控制;而在其他的方面,人对象化的处理世界的方式,还存在着迷失于对象之中的可能,表现为沉溺于对象的无我、忘我的现象。对主体的遗忘本身也不符合自由劳动的要求,因为自由就是人的自由,自由劳动也是对人来说的,如果劳动的主体连自身都给遗忘在对象之中了,那也就无所谓自由劳动了。

如此,冯契实际上指出了自由劳动的第三种对立样态,也即受制于人对象化

[①] 冯契:《人的自由和真善美》,《冯契文集》(增订版)第3卷,第25页。

处理世界的方式,而存在的普遍化的"异化"可能性。如果说自由劳动的前两种否定样态——异化劳动和人的不自由导致的劳动的不自由——可以在人类社会发展的历史进程中被解决,那么这种"异化"的可能性则永远都是潜在的。因而是实现自由劳动的最大的敌人,即使实现了共产主义也还需要警惕这种"异化"的问题。

对自由劳动的三种对立形态的说明,提醒我们在当下对自由劳动的追求过程中,不仅要抵制或消除异化劳动,而且要始终保持一种自我的明觉状态,只有这样才可能保证"我"在劳动中的主宰性。趋向自由劳动自身是一个现实的、主动且能动的过程。正是因为这种积极意义上的自由劳动,才使得自由劳动在个体身上有了超越于时代限制的现实性。也即无论在任何时候,个体都有可能实现自由劳动,就像冯契推崇的"庖丁解牛"、"轮扁斫轮"那样。

三、自由劳动:从理想到现实

冯契对自由劳动的论述揭示出了自由劳动在当下实现的可能性,它使得人的自由劳动的本质真正成了现实中可以触碰得到的力量,个体不再是只能通过寄托于社会的整体性变革的实现来成就自身的本质,而是可以在自身创造性的劳动过程中实现自我的自由本质。个体越是切近自身的本质,也就越能清楚地认识自己和他人,从而能更好地处理同外部世界的关系。

以往的理论和实践过分强调了自由劳动实现的整体性要件,站在整个社会实现自由劳动的角度,过分强调实现自由劳动的历史性特征,自由劳动只成了未来社会的图景,这导致现实中的劳动作为通达未来社会的准备而只具有工具价值。凭借着自由劳动的理想性外衣,现实中的劳动作为达到自由劳动的必要条件也获得了神圣性的外衣,所谓劳动光荣,根本上是因为自由劳动实现着人的本质特征。然而,现实中的劳动从整体而言由于只具有工具价值,在自由劳动整体实现之前,现实中的劳动极有可能忽视具体个体的自由劳动本质的目的,形成对个体价值的压迫。劳动对个体而言成为被迫的事情,导致个体不是热爱劳动而是想方设法逃避劳动,劳动成为与人的自由本质相背离的事情。

从实践的方面看,国际共产主义革命运动以往的实践多少都暴露出了以上的问题,我国社会主义的建设过程中也有很多这方面的教训。过分着眼于自由劳动在整体意义上的实现问题,在当下的劳动中实际上更加支持一种集体主义的劳动观。虽然从理论表述上看,这种集体主义强调个人利益与集体利益相结合,同时也强调重视集体中的个体利益和个性。然而,在实践上却经常会过分强调集体利益而忽视个人利益,从而形成集体对个人的压制。集体劳动对未来自由劳动的实现来说具有工具价值,但对个体而言,集体劳动连这种工具性的意义都没有。集体一旦压制了个性,个体就不再能从集体劳动中实现和发展自身,集体劳动反而成为与个体本质相对抗的力量。

新中国成立以后,劳动的地位不但从政治上得到确定,而且在社会观念中也一度占据了主导地位,劳动的力量被过分夸大了,甚至可以说被神圣化了。在人民公社化运动和"大跃进"运动中,这种对集体劳动的神圣化达到了顶峰,不切实际的生产指标和"高产卫星"背后,某种程度上也反映了人们对集体劳动能改天换日的过分自信。但这种集体劳动观一旦成为社会运动,便很难受控制,所有个体都不可避免地会受到这种观念的胁迫,劳动成了个体不可逃避的责任。更甚者,集体劳动更多地只是认可以物质生产劳动为主的劳动形态,而忽视知识创造等劳动形态的贡献,使得劳动人道转变成为劳动压迫,不参与体力劳动者就会受到打压,被迫地参加体力劳动。这个时候,观念被神圣化了,本来的被创造物反而成了创造者的支配力量,而作为劳动主体的活生生的个体反倒受到抽象的劳动观念的压制。

从现实出发,要想破除集体劳动观对个体的压迫,让个体从现实劳动中达致自由,冯契强调价值观上要有宽容精神,尊重个体价值创造,真正地落实对劳动的具体肯定。同时冯契还强调,在商品经济阶段劳动的异化虽然是不可避免的,但是就我国社会的实际情况而言,个体要实现当下的劳动自由,还需要"坚持不懈地反对权力迷信和拜金主义"①。

冯契对自由劳动的创造性解释,将对劳动的抽象的肯定转变成具体的肯定,让我们看到自由劳动不仅意味着未来社会的可能性,更意味着当下的可能性。这也就使得现实中的劳动不仅只是相对自由劳动整体实现而言的手段,而且其本身也是目的,尤其是成为个体自我实现的目的,从而真正恢复了集体劳动的精神。集体劳动是为了更好地实践个体自由,而非确立抽象的神圣性的劳动观念来宰制个体自由,现实中的劳动与个体的关系得到了合理化的解释。

---

① 冯契:《坚持价值导向的"大众方向"》,《冯契文集》(增订版)第11卷,第734页。

第三节 真善美的价值及其统一

在讲合理的价值体系的基本特征时,冯契曾指出,合理的价值体系要达到的是"基于人民大众的利益又合乎人性自由发展的真善美统一的理想境界"[1],真、善、美的价值是构成合理的价值体系的最基本的价值追求。对世界的真理性的认识与人性的自由发展紧密联系着,它不仅为人们提供了人生理想(包括社会理想和个人理想),而且引导人们在实现理想的实践活动中改造世界以及发展自身。人生理想的实现离不开现实的社会行动和人际关系,这进而就涉及善与道德的问题。而人生理想的实现,实际上最终呈现了人的本质力量的对象化和形象化,正是通过审美活动人们才直观到了自身的本质力量。可以说真、善、美的价值贯穿了人生理想的形成与展开的过程,它们深刻地制约着人们理想活动的展开方向和方式,并最终塑造着人的德性与人格。人的自由的本质决定了人们对于真、善、美价值的追求,而且对真、善、美价值的追求不是孤立的,智慧要求人们追求真善美价值的统一。

一、作为价值的"真"

在汉语中,"真"有着多重的含义,在哲学不同层面上有着不同的表达。例如,认识论层面上真与假、俗对立,本体论层面上真与妄对立,而从德性的角度看,真则与伪对立。冯契认为,作为价值范畴的"真"指的是"符合人们利益、合乎人性发展的真理性认识"[2]。就"真"作为"真理性认识"而言,它具有与认识论相联系的一面,在这种意义上,它与关于事实命题的"真假"判断相关。

不过,事实的真假与价值上的真假、好坏是不能等同的,认识的过程包含了认知和评价两个方面,人们在认识的过程中不仅把握了事实秩序,而且也反映事物与人的需要之间的关系。因而,人们对事物的真理性认识不是冰冷的事实的呈现,而是在与人类的情感、意志的互动中使得这些认识具有了理想形态,成为鼓舞人行动的重要动力。这时,真理性的认识就表现了符合人们利益、合乎人性发展的一面,从这种意义上讲,"真"就不只是客观的事实世界的呈现,不再是

---

[1] 冯契:《人的自由和真善美》,《冯契文集》(增订版)第3卷,第102页。
[2] 同上书,第130页。

"光溜溜的'真',而且同时是好的、美的"①,从而具有了价值的意义。

价值范畴的"真",其作为符合人类利益、合乎人性发展的真理性认识,内在地和功利与真理、人性与真理的关系问题联系着。从功利与真理的关系角度看,冯契指出,价值上的"真"的生成,反映在人们以对事物的真理性认识为依据来指导人们实践的展开,这体现了真理性认识的工具价值。人们通过对真理性认识的发挥和实践运用,促进社会进步,增进人们的利益,正是"真"的价值现实化的一种反映。

就人性与真理的关系方面看,冯契则认为,价值上的"真"首要地表现在了对人性的承认和尊重上,人性制约着人们对"真"的追求,真理性的认识要合乎人性的发展要求。因为人性就其作为生物的本能方面来看,不仅具有普遍性,而且它的力量也是根深蒂固、强而有力的。同时,人们在社会实践中还有"习以成性"的一面,"习以成性"反映了不同民族心理、气质也即国民性和民族心理的形成。所以我们要重视基于人性本能的自发性的方面,看到我们关于"真"的价值的追求也有着向人性归复的一面。不过这种"人性的复归"不等同于传统哲学中讲的"复性"说,而是"把人性看作是随社会实践的发展不断由自在而自为,并且把它看作是螺旋式、无限前进的过程",它体现在了我们认识和改造世界的自在而自为的过程中。

对世界的真理性认识为人们提供了人生理想,这也是"真"的价值意义的最重要的体现。冯契肯定了我们的真理性认识内在地包含了对人生理想的指导形态,并且在与具体实践结合中,形成个体关于社会的或人生的理想。在认识世界的过程中,人们获得了对天道客观真理的认识,而认识世界的过程与认识自己的过程是同步的,在这当中,人道与天道交互作用,人性也获得了发展,人们从而也得以把握对人性和人道的真理性认识。

具体而言,通过对社会历史发展之"势"的把握以及对从古至今社会理想变迁的总结,冯契认为合理的价值体系之中具有"真"的价值的社会理想是要走向大同社会,并认为共产主义的社会理想是人类未来发展的必然选择。共产主义的社会理想是在正确把握了人类社会历史发展规律和人性发展要求的基础上发展出来的,是一种真理性的认识,因而具有"真"的价值。不过冯契也强调,真理

---

① 冯契:《人的自由和真善美》,《冯契文集》(增订版)第3卷,第131页。

和理想都是一个过程,理想是在过程中展开和实现的,因而社会理想展开的道路不是封闭的、僵死的,而是与具体的实践变化联系着的,理想的实现要做到具体的、历史的统一。而在个人理想方面,在对群己关系阐述以及古今个人理想总结的基础上,冯契指出合理的价值体系应该鼓励个人理想的多样化,同时要将个人主义与集体主义统一起来。

二、"善"与自由的道德行为

关于"善"的价值,冯契认为"广义上的善就是'好'",并从孟子"可欲之谓善"的角度来解释,指出一切值得欲求的,可以给人带来快乐和幸福的事物都可以称为是"好"的,也就是"善"的。[①] 不过,在广义上理解的"善",虽然从它表现了物与人的需要之间的关系看而具有价值意义,但这种意义上的"善"意味着对人的合理的利益的满足,而不单指道德意义上的善。就像好的身体、好的饮食、好的服饰,这对人来说都有善的价值,但是却并非道德意义上的。作为合理的价值体系中所追求的善,更多的是指道德意义上的善,也就是狭义上理解的"善"。冯契认为,道德意义上的"善"主要是"指涉及人伦关系的好的行为"[②]。

在"善"与"真"的关系方面,冯契认为真是善的前提,而善则是求真的巨大动力,并且他从中国传统哲学出发,把善与真的关系理解为义和理的关系。冯契将道德规范或准则视为当然之则,客观规律则是必然之理。作为必然之理强调的是客观规律是不以人们的意志而转移的,虽然必然之理中也会提供某些可能性,但是这种可能性也是不以人的意志为转移的。道德规范或准则作为当然之则,它们是人们制定出来要求自己在行动中遵循的义务。在道德规范或准则中包含了随人的意志、愿望安排的成分,因而可以被人所破坏和违背。合理的道德规范或准则与客观规律根本上是统一的。道德规范或准则不仅应该以社会历史发展的规律为依据,而且要反映人性发展的真实性要求,只有这样,道德规范才能够在最大限度上趋近于必然之理,才能在现实中保持规范性要求的有效性。正是在这种意义上,冯契才说真是善的前提。

不论是对社会历史规律的认识,还是对人性的发展要求的认识,都是在不断发展着的,因而我们对道德规范也应该保持一种发展的眼光。不过,这并不意味

[①] 参见冯契:《人的自由和真善美》,《冯契文集》(增订版)第3卷,第161页。
[②] 同上书,第161页。

着说冯契就认为道德是历史的、相对的,只要人们能够把握和认识社会发展的历史规律和人性发展的要求,人们就有可能在此基础上建立更为合理的道德规范。这时候,道德规范随着人们对社会历史发展的规律和人性发展的要求的认识的深化而发展,但与其说这意味着对之前道德规范的简单否定,倒不如说是人们发展了关于道德规范的认识,使得道德规范越来越趋向于合理的方面。在这种意义上,人们在道德规范方面不断实现着从自在到自为、自发到自觉的发展。基于对社会历史发展规律的把握以及对人的自由本质的认识,冯契认为,追求人道主义和社会主义的统一、个性解放和大同团结统一是合理的价值体系发展的总趋向。

作为道德意义上的"善",表现在了人伦关系的行为之中,而人伦关系的行为就其展现为一种道德行动而言,则必然涉及利与义之间的关系问题。在义与利的关系上,中国古代的墨家和儒家分别提出了"义,利也"和"义者,宜也"的说法,并以之为基础提出了两种不同的道德学说。冯契认为,从这两种道德学说确立的道德规范所代表的社会集团的利益的角度看,这两种说法都有一定的道理。但这也表明,"义"和"利"被视为历史的范畴,它们都是相对于一定的社会关系说的。同时,冯契也指出,正确的"义"和"利"关系应该是统一的,也即道德和利益应该是统一的。从"义"和"利"的关系角度看,道德规范根本上反映了一种对社会利益调节的秩序要求,礼义、法度根本上就是起着调节个人与个人之间以及个人与集体之间利益的作用,只有集体和个人的利益都得到一定的满足,社会的秩序才能得以维持。在这种意义上,道德和利益具有统一性,作为道德行为上的"善"体现为对人伦关系中的合理利益调节的行动。

区别于法家强调用暴力原则来实现对行动的规范和利益的调节,冯契认为,道德行为的突出特点是,它是以"爱"为基础的,自由的道德行为是自觉与自愿的统一。所谓把合理的人际关系建立在"爱"的基础上,就是在以道德准则处理人与人之间的关系时,道德行动的主体要把彼此当作目的,而不是作为手段,强调道德行为中人的尊严和价值。道德行为不仅在客观上要利人,而且主观上也要对人有利,要出于爱心,也就是爱人,只有这样才是真正的把人当作目的。

关于道德行为,一般是将之理解为符合道德规范的行为。但如果只从行为合乎道德规范的要求来看,对道德行为的说明并没有体现出道德行动的主体在行动时的状态,一个合乎道德的行为完全有可能只是偶然地符合了道德规范的要求。对此，冯契特别强调道德行为的自由，认为自由的道德行为的特征是自觉与自愿的统一。冯契指出，自由的道德行为包含了三个方面的要素：首先是要符合道德规范，它表现为道德理想在人行为中具体化为的处理人与人关系的准则；其次是自觉的行为，也就是合乎规范的行为是合理的，是可以被理性认识和把握的；最后是自愿的行为，意志自由规定了道德责任，如果一个行动是被迫的而非自愿的，那也谈不上是行善或作恶。

冯契还分析指出，自觉是理性的品格，即如果道德行为合乎规范是根据理性认识来的，那么它就是出于自觉的；自愿则是意志的品格，即如果道德行为合乎规范是出于意志的自由选择，那么它就是出于自愿的。只有做到了自觉与自愿的统一，人们的道德行为才是真正自由的，这时，道德行为才是以对善本身的追求为目的的，才真正地表现出内在价值，因而是自律的，而非他律的。

冯契是在对中西道德理论和道德实践历史总结基础上，才得出自觉自愿的统一是自由的道德行为的特征的。历史地看，中国哲学更多地考察了自觉原则和"为学之方"（道德的教育和修养），而较少讨论自愿原则，这使得中国传统的伦理道德理论和实践容易陷入宿命论；西方哲学则由于过分强调自愿原则，而有陷入唯意志论的风险。无论是宿命论还是唯意志论最终都会导致道德上陷入虚无主义，它们既是道德虚无主义的重要原因，也是道德虚无主义的典型表现。通过对道德行为中自觉原则与自愿原则统一的强调，冯契在理论上为道德行动避免陷入宿命论和唯意志论提供了可能，从而对道德虚无主义以回应。

三、审美价值的道德意义

人的自由不仅反映在认识论和伦理学的问题上，而且也表现在审美活动中。通过审美活动，人们在人化的自然中直观到自身的力量，从而获得一种自由的快感。冯契援引康德的说法，指出美感就是一种自由的快感。如果仅仅是感官上的快感，那就是相对于某种感官的满足而言的，那它就是相对的。而美感作为一种自由的快感，冯契认为，审美活动中的快感无涉利害关系或者说是超越利害关系的，是无所为而为的自然而然。他以庄子的庖丁解牛为例，指出庖丁解完牛后的踌躇满志，就是一种审美活动的自由，这种愉快也是自由的。虽然就解牛本身来说，它是为了满足人的物质需求，但庖丁解牛的过程做到了技进于道，这时，人的本质力量对象化、形象化了，在解牛的活动中他直观到了自身的本质力量，解牛本身就成为面向自己内在的自由的愉快的活动。冯契认为，在类似于庖丁解牛、轮扁斫轮的活动以及艺术都具有内在价值,它们是人们美感经验的重要来源,在人的德性的培养中发挥着重要作用,对人的自由发展有着重要意义。他说:"艺术不仅就它的起源来说是具有功利性质的,而且艺术及审美经验对于培养人的性格和精神素质有着重要作用,'为人生而艺术'的口号是正确的。艺术有它的内在价值,美感经验对人的自由发展有重要意义。"①

审美活动具有个性化的特征。人在人化的自然中直观到自身的本质力量就是审美活动的自由,这种直观是以感性形象为中介实现的。在冯契看来,"这种感性形象一定是个性化的,是个性自由的体现"②。也就是说,个人之所以能直观到自身的本质力量,首先不是基于类的统觉,而是基于对自身日常活动、创作以及交往关系的处理的感性结果的反观来把握的,因而首先就表现为一种个性化的感性形象。而且人作为精神主体,内在地追求个性自由,表现在我们日常的感性化的生产交往活动中,就是我们也诉求日常生产交往活动的个性化。这样我们日常的生产交往活动本身就有了艺术的性质,是生活的艺术、工作的艺术、交往的艺术,整个生活的世界都艺术化了,人们的一切实践行为本身也都有了审美的价值。这时,在所有这些活动中,就像冯契所说,"精神处于最自由的状态,会感到个性得到了最充分的表现"③,作为精神主体的人都有可能直观到自身的本质力量,感受到真正的自由的快感。人的道德活动同样也具有了审美活动的特点,审美活动也同样能表现出道德的价值和意义,冯契就说:"人的德性要求既自觉又自愿,真正达到乐于从事,像孟子所说的'乐则生矣;生则恶可以已也'(《孟子·离娄上》),到了这种地步,就会感到人的德性有艺术的性质,这就像心理学家马斯洛讲的'高峰体验'。随便在哪个领域,真正达到高峰体验,它的活动就会具有审美的自由。"④

就美与真、善的关系看,在总结了哲学史上不同哲学家关于这一问题的看法基础上,冯契指出真和善是美的前提,同时它们之间又相互促进,它们统一在了化理想为现实的人类实践活动之中。具体地看,人类在物质生产活动中,通过把握必然王国的规律,创造了自身的生存空间,并以之为基础发展出了人类文化,

---

① 冯契:《人的自由和真善美》,《冯契文集》(增订版)第3卷,第195页。
② 同上书,第223页。
③ 同上书,第226页。
④ 同上书,第226页。

人类的精神价值包括智慧、道德和艺术等都获得了发展,这也就是价值的领域。真善美的价值创造都表现了人类化理想为现实的自由创造,它们都是合理的价值体系中重要的价值追求,是合理的价值体系中重要的价值组成,人们在价值追求上的历史总趋势是要求真、善、美的统一。

通过对合理的价值体系的原则及其构成的阐述,冯契某种程度上回答了应对虚无主义价值观的方向和方法。合理价值体系对人道主义与社会主义相统一、个性解放与大同团结相统一的追求,展现了对传统的天人之辩、理欲之辩、群己之辩的新发展,确立了处理个人与集体、自我利益与他人利益之间关系的原则,否定了个人主义和利己主义的观点,从而现实地表现出对道德虚无主义的拒斥。合理的价值体系的建构不是简单地反映为一种抽象的价值理想,它还要反映人的现实的需求,尊重现实的人性,既要有作为理想的导向性,也要有能落实为人们生活实践的真实可能性。因此,合理的价值体系必须以"真"的价值为基础,必须合乎规律,不仅是合乎社会发展的规律,也要合乎人性发展的要求,坚持自然原则与人道原则的统一。

第四节 冯契价值理论的意义与贡献

一、对狭义的道德价值论的超越

冯契在"智慧说"体系中,通过"四界说"阐明了价值的来源问题,从而奠定了其价值理论的形而上学的基础,他对合理的价值体系的阐述则可以说是其价值理论的具体展开。总的来说,冯契的价值论以追求自由为核心,坚持历史与现实的统一、自觉与自愿的统一、真善美价值的统一。

价值论是一个伦理学理论或学说的重要组成部分,但一般伦理学理论或学说往往只是关注了善的价值问题,这也构成一般道德价值论的主要问题面向。但冯契谈道德价值不仅关注善的价值,而且也特别关注真和美的价值问题,强调善与真、美是统一的,不是只有关于善的问题才是道德价值问题,真和美同样具有道德意义。把善的问题当作道德价值论的核心,这固然体现了明确的伦理学问题意识,对于我们明确不同问题的学科归属具有关键意义,但这也可能导致我们把具有道德价值意义的问题的理解狭隘化。就像冯契之所以会走向广义的认识论,就是因为他深刻地意识到,认识的问题不仅是理智的问题,而且离不开"整个的人"。善的问题固然是道德价值论的问题,但善的价值的实现同样离不开"整个的人",真和美的价值实现问题与善的价值实现问题紧密相关,真和美的价值同样具有道德意义,也应该是道德价值论应该关心的问题。正是在这种意义上,我们或也可以说冯契是走向了广义的道德价值论,至少这扩展了我们理解道德价值问题的观念视野。

从根本上说,善的价值不过是我们认识和改造世界过程中的合乎人的目的性的表现,而这种合乎人的目的性作为智慧的表现,不是人的随心所欲,而是始终根植在本然的自然秩序之中,是同客观规律紧密联系着的。只不过从哲学问题的论域看,对客观规律问题的研究一般认为是认识论领域的问题,而在合乎目的性的意义上才是道德价值领域的问题。但在冯契看来,是否符合人类利益、是否合乎人性发展,这首先是认识的真理问题,真的价值在根本上制约着善的价值的实现。同样,审美价值作为人对自身改造世界的力量的感性直观,它既是合乎人的目的性的改造世界实现的结果,同时也推动着人们进一步地展开改造世界的实践活动。审美价值的实现离不开真和善的价值实现,同时也在推动着真和善的价值的实现,真善美的价值统一在自由理想的历史实现过程之中。

而且不同于一般道德价值理论注重关于善的价值问题的抽象理论研究,冯契的价值论更加注重对价值问题的历史动态把握。史与思想结合是冯契哲学展开的重要方法和特征,不论是对人道主义与社会主义相统一、个性解放与大同团结相统一的合理价值体系的追求,还是关于道德行为是自觉与自愿的统一的说明,其背后都显示出人类价值学说和道德学说的历史维度。冯契把能否实现和扩展人的自由作为价值理论的核心,而作为"整个的人"的自由实现问题,是伴随着人类实践历史的发展而不断生成和丰富的。离开了实践,我们是无法言说价值的,离开了实践的历史,就更遑论价值的共识问题,合理的价值体系的提出就是对价值生成和发展的历史实践总结的结果。

当然,对于价值的历史主义的解释在理论上经常会面临相对主义的挑战,而且还会面临价值独断论的责难,但冯契着眼于人类历史实践的过程来总结合理的价值体系,其重要的不在于历史而在于实践。历史不过是实践展开的时间维度,是实践展开的次序,而合理的价值体系作为对人类价值发展结果的历史总结,是由实践决定了合乎人类目的性与否,而不是由历史来决定的。这也就是说,是历史的不必然是合理的,而只有符合实践发展要求和发展方向的才是合理的,实践才是合理性的最根本保证,而且作为历史实践经验的总结,是经由实践的历史打开了合理性的最大可能性。冯契对价值问题的历史维度的关注,不是历史主义的,而是以实践为中心的,因而,不仅可以很好地避免价值相对主义或者道德相对主义的挑战,而且也避免了陷入价值独断之中。

二、回应了关于道德行为的争议

伦理学作为面向道德生活实践的科学,它的一个重要任务在于为人们日常的道德生活提供行为规范的指导。因而有关道德规范性的问题,不仅要关注道德规范的来源问题,也即为什么要有道德,同时也需要回答人如何行为才是道德的问题。关于道德规范性的来源问题,冯契通过对"当然之则"的阐述给予了回应,而关于人如何行为才是道德的问题,冯契提出自由的道德行为是自觉与自愿的统一,这不仅是对于中西方道德传统中在自觉与自愿方面各有所偏的一个矫正,而且在某种层面上可以说也拓展了规范伦理学关于道德行为的讨论视角。

规范伦理学的一个核心任务就在于回答人们如何行动才是道德的,致力于探求指导人们的行为、行动和决定的基本道德原则。围绕这一问题,规范伦理学一开始主要形成了义务论与功利主义两大理论流派分庭抗礼的局面。义务论源于康德哲学,主要强调道德义务的重要性,认为一个人行为是否道德,主要看行为人是否具有善良的动机,是不是按照道德义务的要求去行动,而不是看行为的后果。功利主义以约翰·密尔为代表,认为评价一个人行为是否道德,要看行为的后果,只有按照能够带来最大效用的行为要求去行动才是道德的。随着德性(美德)伦理学的复兴,形成了当代规范伦理学义务论、功利主义、德性论三足鼎立的局面。德性论关注人的道德品格问题,在行动上则提出要按照美德要求的或者有德性的人那样去行动。

义务论与功利主义着眼于道德行为的行为原则来回答人如何行动才是道德的问题,德性论则着眼于道德行为的主体品格来回答人如何行动才是道德的问题。而冯契提出自由的道德行为是自觉与自愿的统一,则是从道德行为的主体行动状态来回答人如何行动才是道德的问题,而且是着眼于自由的实现来谈道德行为问题。从自由的实现来阐释道德行为问题,根本上反映了冯契是着眼于"整个的人"来思考道德行为规范问题。

不论是义务论还是功利主义都确认了人在道德行为中的理性原则,道德义务是不能冲突的普遍化律令,而效用最大化的行为取向也离不开理性的计算。德性论伦理学在当代的复兴,某种程度上也是对义务论和功利主义伦理学片面强调理性原则的一种纠偏,它肯定了人在道德行为中的感性(情感)原则。而作为整个的人,不仅是理性的动物,而且是有情感的动物,同时还有着独立的意志表达,是知、情、意的统一体。冯契强调自由的道德行为是自觉与自愿的统一,正是在知、情、意统一的意义上审视了道德行为的主体。自觉是理性的品格,反映了对道德行为的理性判断能力,内在地否定着感性原则;而自愿作为意志的品格,反映了道德行为主体的综合判断和选择能力。作为道德行为的自觉,就是要人按照冰冷的理性的要求去行动,尽管从理性的角度看,这种要求是合理的,它所达到的效果也可能是效用最优的,但作为被要求自觉行动的道德主体,这时候只不过是这种理性的道德规范实现的工具,我们常说的道德绑架实际上就是这种道德自觉要求的结果。而作为道德行为的自愿,尽管强调道德行为主体的意志选择,而且也只有在意志上选择按照道德规范的要求去行动才是道德的,但片面强调自愿却可能会使道德规范的要求无法落实或者成为一种假道学的自我标榜。

自觉的行为尽管是道德的,但却可能是不自由的;而自愿的行为,尽管可能是自由的表达,但却可能使道德规范成为空谈。而冯契正是着眼于自由的实现来谈道德行为,自由的实现为道德行为提供了更为根本的价值依据。自由的道德行为作为自觉与自愿的统一,就道德行为本身的规范而言,肯定了道德行为的理性原则;就自由的实现而言,则肯定了道德行为的主体性原则。这时候,是人选择了道德规范的要求那样去行动,即使合乎道德情形的理性综合判断的结果,也是合乎个人感性和意志的综合选择的结果,人不是道德规范实现的手段,而是道德规范实现的目的,人的自由在这样的道德行为中真实地实现着。

尽管冯契没有像义务论或功利主义那样,在道德行为规范问题上提供具体的规范性标准,但是自由的道德行为作为自觉与自愿的统一却为我们理解和评价道德行为提供了一个有意义的参考,尤其是对于回应当前社会中许多关切争议性的道德行为事件具有启发意义。我们既要反对那种不顾及道德行为主体个人意愿的片面道德绑架,同时也反对片面强调主体意愿而让道德规范要求流于空谈;既要尊重道德行为的规范实现问题,也要关注自由价值在道德行为中的实现问题。

三、建构了合理价值体系的理论基石

冯契价值理论最具现实性的贡献在于阐述了合理价值体系的基本原则和特征，为现实社会的合理价值体系的建构提供了理论参考。冯契是站在辩证唯物主义的立场上，总结了中国传统哲学中有关价值学说的争论以及近代价值观变革的历史经验基础上，才提出合理价值体系的基本原则的。因而，其所说的合理价值体系原则和特征体现了价值体系建设的中国文化特色，同时也契合了人类社会发展的共同价值和社会主义的价值要求。

社会发展的成果在主观方面的一个重要呈现就是价值观的塑造，而价值观也和社会整体的价值体系建构紧密联系着，因此，价值体系的建构也成为社会文化发展的核心任务。虚无主义之所以成为社会发展面临的现实问题，首要地就表现在它对社会价值体系的侵蚀。对于我们国家而言，近代一百多年来，社会的快速变迁带来的是价值观的剧烈变动，整个社会的价值体系也不断地经历了解体与建构交织的过程。改革开放以来，社会价值体系进入新一轮的解体与建构历程，尤其是到了现阶段，更是进入了社会价值体系建构的关键时期。近些年来，围绕社会主义核心价值观，社会主义核心价值体系建设也取得了许多积极成果，同时也还面临着许多新的挑战。尤其是面对百年未有之大变局，中国式现代化道路的开辟和建设呼唤我们在社会价值体系建设上更具民族特色、时代特色的回应，同时以这样的价值体系促进人类共同价值体系的建构，推动建构人类命运共同体。

冯契关于合理价值体系的理论阐释，对未来社会主义核心价值体系的建设仍然具有深刻的启发意义，或者更准确地说，冯契关于合理价值体系的基本原则和特征的阐释，为我们当前社会主义核心价值体系的建设提供了有力的哲学理论依据。以自由劳动作为合理价值体系的基石，将合理价值体系建设深植于马克思主义之中，彰显着社会主义的本质特征。着眼于回应天人之辩、理欲之辩和群己之辩，将合理价值体系建设深植于中国传统哲学的根基之上，彰显着民族文化的本色。把符合人类进步和大众的真实利益作为合理价值体系建设的原则，深刻回应着人类共同的价值诉求。

不过，冯契只是提出了合理价值体系的基本原则和特征，并没有具体阐释合理价值体系的内容和建构方法。或许在有些人看来，后者才真正具有现实价值。正如冯契哲学对独断论的批判，给出具体的合理价值体系的内容就面临着陷入

价值独断的风险,这是冯契所反对的。而且人类的实践是生生不息,不断丰富和发展的,人类的价值同样伴随着生生不息的人类实践而不断生成和发展,脱离具体实际地给出具体的合理价值体系,还有着桎梏实践发展的风险。探索合理价值体系的具体建构方案,这是实践中的问题,必须结合时代的具体特征在实践中具体解决。冯契所提出的合理价值体系的基本原则和特征,作为立足中国传统和近现代价值实践的经验总结,有着历史的合理性和现实的预判性,为我们进一步建设我们时代的合理价值体系提供了总的价值评价的标准参考。而且冯契阐述的合理价值体系也提供了一个总的价值主张的内容,就是朝着自由价值的实现的方向去推动我们实践的展开。冯契不是在抽象意义上讲自由,自由作为理想追求固然有其抽象性的一面,但更重要的是,自由还是现实的,他把自由与劳动相联系,自由劳动正表现了人们实践的追求和现实的展开过程,自由劳动以其理想性和现实性而成为合理的价值体系的基石。

当然,尽管冯契是立足于价值实践历史来谈价值的问题,从经验的角度看合理的价值体系具有现实性,自由价值的实现也具有现实性,但依然有研究者认为冯契的理论过于理想化,比如邓晓芒就指出冯契的自由理论对恶的问题有所忽略而过于理想主义[1],郭齐勇也认为"智慧说"对于主体性及其价值创造过程过于乐观而忽视了人类的有限性[2]。这些质疑都有一定的合理性,但也不得不说某种意义上理想性恰是一切理论的共同特征。而且冯契不是立足于理想的人,而是立足于现实的人来思考价值创造问题,"整个的人"恰恰是现实的人的抽象表现。立足于有限的实践,的确现实的人具有历史的具体的有限性,但立足于无限发展着的实践,现实的人则有了无限的可能。可能性不一定是现实,但如何审视这种可能的现实性则彰显了理论者的不同态度。冯契倾向于承认人的这种无限可能的现实性,表现了一种对人以及人类实践发展的乐观主义态度。这种乐观主义的态度,根源于对辩证唯物主义的坚定信念,正如他在《谈谈革命的乐观主义精神》一文所指出的,"辩证唯物主义是革命乐观主义的理论基础","培养革命的乐观主义精神问题,归根结底,是树立辩证唯物主义的世界观问题"[3]。

---

[1] 参见邓晓芒:《人格辨义》,《江海学刊》1989 年 3 期。
[2] 参见郭齐勇:《冯契对金岳霖本体论思想的转进》,《人文论丛》(1998 年卷),武汉:武汉大学出版社,1998 年。
[3] 冯契:《谈谈革命的乐观主义精神》,《冯契文集》(增订版)第 9 卷,第 113、118 页。

对于理论工作者而言,冯契哲学创作中的这种对理想信念的坚定态度,也是一种值得学习的难能可贵的品格。

第四章　重塑价值信念的人格载体：自由人格与德性自证

现代性造成的虚无主义根本上还是人自身精神困境的一种呈现，反映在社会中就是普遍性的价值迷失或信仰危机，反映在个体身上则是个体人格的缺失。冯契的价值理论也内在地揭示了价值的主体性面向，即认为一切价值都是现实的可能性和人的本质需要相结合的产物。因而，要应对价值虚无主义也不可避免地涉及什么才是价值信念的人格载体或承担者的问题，这进一步又与作为价值信念的人格载体或承担者如何培育的问题联系着。

在对虚无主义的批判中，冯契就特别批判了以"做戏的虚无党"为代表的"无特操"的人格，指出正是这些"无特操"的人造成了社会建设中的灾难，并且导致了社会上严重的信仰危机。在"智慧说"体系中，冯契也对自由人格的问题予以特别关注，认为自由人格问题不仅内含在认识世界的要求之中，而且它本身也是认识论中的一个重要环节，是关系着转识成智何以可能的重要问题，也是从价值信念的人格载体角度给出了一个应对虚无主义的答案。

本章主要梳理分析冯契的人格理论和德性自证的思想，从个体人格建构方面看冯契如何给虚无主义以回应。站在实践唯物主义和历史唯物主义的立场上，冯契指出作为价值信念的真实的人格载体是"自由的、具有独立人格的生命个体"，并且他把这一人格称为是平民化的自由人格。冯契还回答了培养平民化的自由人格的基本途径，这一途径的核心实际上是"化理论为德性"的问题，这与冯契提出的"德性自证"的哲学命题紧密联系着。正是在对"化理论为德性"的阐释中，冯契回答了广义认识论中的第四个问题，也即理想人格如何培养的问题，从而在理论上克服了近代以来科学与人生脱节的困境。而德性自证则是"化理论为德性"何以可能的关键，通过对"德性自证"的阐释，冯契回答了主体如何成就了性与天道的统一，从而把理论的智慧变成人格的现实，进而也就从人格角度对克服虚无主义做了实际的回应。

对个人的自由个性的发展关注，即理想人格的培育问题，也是冯契伦理思想的重要组成部分。对平民化的自由人格的追求,是冯契在对中国传统"成人之道"以及近代培养新人学说扬弃的基础上总结出来的,这同样也反映了冯契伦理思想建构方法上的史与思结合的特征。他的德性自证思想则反映了对德性的一种综合之思,冯契不是把德性简单作为道德品格来对待,而是在本体论的层面上言说德性,德性根本上在于把握了性与天道的统一,这对当代美德伦理学研究亦有启发意义。

第一节 人格与自由

一、人格的内涵

"人格"并不是中国传统文化中的概念,也是在中国近代对西方思想译介的风潮中通过日本转译而来的,其对应的英文是 personality,有"个性"的含义。它的拉丁文词根是 persona,有"面具"的意思,是指"戏剧演员的角色标志,类似于京剧脸谱","面具的不同特色可以反映出角色的身份、地位、性格等特点"[1],这表明"人格"概念内涵有社会性功能。后来西塞罗从外在表现和内在规定两个方面界定了人格,人格包含了一个人给他人的印象、人的社会身份和角色、特指有优异品质的人、人的尊严和声望四个方面的引申含义[2]。现代西方人格理论对人格的认识主要反映在哲学领域和心理学领域。在哲学领域,注重从理性、精神、意志等方面界定人格的本质;在心理学领域,人格甚至可以说是现代心理学研究的奠基性概念,现代心理学最重要的一个方面就是研究人格问题,并将人格具象化为个体的需求、行为、生理本能等方面。

人格一词传入中国以后,对人格概念的理解也呈现中国本土化的特征,对人格的理解与人品紧密联系着。张岱年通过考察认为,"人格是近代才有的名词,在中国古代谓之人品"[3];朱义禄也认为,在中国古代社会"人品"一词在实质意义上指的就是人格[4]。虽然当代的一些研究也对现代"人格"的意义做了澄清,

---

[1] 贺曦:《冯友兰冯契理想人格比较研究》,天津:南开大学,2012年。
[2] 余潇枫:《哲学人格》,长春:吉林教育出版社,1998年,第24页。
[3] 张岱年:《心灵与境界》,西安:陕西师范大学出版社,2008年,第236页。
[4] 参见朱义禄:《从圣贤人格到全面发展——中国理想人格探讨》,西安:陕西人民出版社,1992年,第8页。

像邓晓芒在研究中就指出,"人格"并不具有道德品质的含义,而主要是指个人或私人,并体现了个人的外在容貌、风度等外在个性特点。[1] 这实际上是回到古希腊最初的意涵上,重新清理了"人格"概念。但是在我们当代文化中对"人格"的深深"误解"已经是既成的事实了,甚至与其说是"误解",不如说是一种发展性的认识,人格中包含了对人的道德品质的认知。

冯契对"人格"的界定和说明就包含了两层意思:一是作为一个中性的词汇,人格指的是作为认识和实践活动的主体的"我"或"自我",它是人的共性的具体化,也即表现了人的个性;二是作为一个具有褒义的词汇,人格被用来指称具有德性的主体,我们日常用"丧失人格"来批评一些道德品质极为卑劣的人,就是这种意义上理解了"人格"。在冯契看来,作为认识和实践活动的主体的"我"或"自我",人格之"我"意味作为逻辑思维的主体、感觉和行动的主体以及知情意的主体的统一。作为逻辑思维的主体的"我",也就是"我思"之"我",构成了人格自我认知的基础。而"我"作为行动和感觉的主体以及意志、情感的主体的统一,表明了人格作为主体是有血有肉的,它必然表现于人的言行之中,并表现为行动以及在行动基础上的意识的一贯性,在认识和实践活动中"自我"人格不断被形塑着。

二、人生、理想与人格

人格问题是哲学从纯粹对思维与存在关系的探讨转向改造世界和改善人生的活动时突显出来的,这时,人们对哲学问题的思考就从宇宙观领域推演到了历史领域和人生领域,自然就涉及了人的类的历史发展和个体发育问题。在总结了东西方哲学关于思维与存在的关系问题的争论后,冯契指出,关于思维与存在关系问题的争论最后都集中体现为"自然界(客观的物质世界)、人的精神以及自然界在人的精神、认识中反映的形式即概念、范畴和规律等"三项。在中国哲学中,这三项对应的则是气、心、理(道),这也是作为宇宙观的哲学所具有的三项。辩证唯物主义中所对应的作为宇宙观的哲学的三项则表现为客观辩证法、认识论和辩证逻辑,冯契认为,辩证唯物主义很好地回答了哲学三项之间的关系,肯定了客观辩证法、认识论和逻辑的统一。

而当人们考察改造世界和改善人生的活动时,哲学的三项就变成了现实生

---

[1] 参见邓晓芒:《人格辨义》,《江海学刊》1989 年 3 期。

活、理想和人格(作为人格的主体)。这时,作为认识"以得自现实之道还治现实之身"的自然辩证过程就转变成了"从现实生活中汲取理想,又创造条件使理想在社会生活和人类本身身上得到实现"的过程,其中"'现实'就是指人生,人类生活是现实世界或自然过程的一部分"①,理想则代表了概念,要求实现理想的人格代表了精神。站在辩证唯物主义的立场上,人生(现实生活)、理想和人格也是统一的,对人格的理解与人生、理想紧密联系着。

人生(现实生活)是对人类社会生活本质的探讨。站在辩证唯物主义立场上,冯契指出,实践是人类社会生活的本质,劳动生产则是实践的最基本形式。总的来看,建立在劳动生产基础上的人类社会生活表现为这样一种现实,即它是有自觉的意向和预期的目的的活动,而且就其成为现实的方面看,这一活动过程也是合乎规律性和合理性的过程。把握客观历史规律,并且使意识和行动与之相适应,才能在劳动实践中不断创造生活的现实性。

所谓理想则是现实的可能性的反映,这也就是说理想建立在现实的基础之上,而且代表了现实在未来发展的可能方向。现实的可能性则要求理想必须合乎人性的要求,特别是社会进步力量的要求,因为越是这样,理想才越能在更大程度上反映现实的可能性,没有现实可能性的理想只是虚构的空想。当然,理想还意味着它相对于现实的超越性,它是人们基于现实的可能性发挥自身想象力构想的未来,这样理想才表现出它的导向性。基于对现实生活和理想的理解,作为人格主体的"我"或"自我"的认识和实践活动,实际上就是从现实中汲取理想、把理想转化成现实的活动,人格则是在这样的活动中不断被塑造着的主体。

人正是在理想转化成现实的实践活动中才表现出了自由,因而,在把理想转化为现实的过程中所培养的人格的本质是自由的。在冯契看来,自由的人格才是真正有价值的人格,而且也只有自由的人格才可能成为价值信念的真实载体。因为价值是现实的可能性与人的本质需要相结合的产物,价值的创造也是人们通过对适合人需要的现实的可能性的把握,并以之为目的,创造条件使之成为现实的结果。这也就是说价值本身就体现着理想,体现在人的自由创造的过程之中,也意味着,只有自由的人格最能创造价值,也最能真实地体现价值、把握价值。

---

① 冯契:《人的自由和真善美》,《冯契文集》(增订版)第3卷,第2页。

三、人的本质与自由

人的自由并不是天生的,而是人依凭自身的本质力量,在实践活动的过程中,由自在而自为,逐渐获得的。也就是说,人的自由是由自身创造出来的,是在自身的劳动实践中不断被意识到的,而且在这一过程中,人格也同时被塑造着。对人的本质的认识,中国传统哲学中出现过很多的观点,如墨子将之视为劳动,孟子将之视为理性,荀子将之视为合群性,等等。站在马克思主义的立场上,冯契认为,这些都只是片面地认识了人的本质。他指出,人的本质首先表现为创造工具进行劳动的能力;其次表现为在劳动基础上的结合也即组成社会;最后则是在劳动中发展起来的理性和自由。

人的本质(essence)是一个历史发展的过程,这一过程表现为人类的无数个体由天性(nature)向德性(virtue)的发展转变,这一发展转变也表现了人格的养成过程,并使得人与动物区别开来。就人的天性而言,它主要反映为人的自然属性,也就是告子讲的"生之谓性"。但是,冯契同时也指出,伴随着社会实践的深化和发展,人的感性本能已经不同于动物那种本源性的纯粹自然状态,而是已经理性化了的感性,已经融入人的精神之中了。因而,对人的自然属性的考察,不能离开社会和历史进程抽象地加以进行。[1]

冯契讲理想要合乎人性的要求,重要的不是人的自然属性的声张,即它不是简单的自然欲望的表达,而是人之为人的本质的声张,这是一种带有规范性的认识。作为理想的主观体现,人格自然包含某种内在的规范性,这一规范性在最基本的意义上意味着自由,这是由人的劳动的本质力量发展出的德性必然。正如之前提到的,人的本质首先表现为人能创造劳动工具进行劳动,这也是人与动物最重要的区别。当然,劳动首先也满足着人的自然属性,它是人类自身存在和繁衍的必然,但是,人的劳动不同于动物为满足生存的自然本能的地方在于,人在劳动中发现了自身并不断创造着自身。通过劳动人表现出了对自然的支配能力,通过劳动人能凭借过去的材料创造出未来,正是在劳动中人发现着自身的创造力,发现着自身的自由。

冯契对自由的理解也不是抽象的,而是始终与社会实践(首先是劳动生产)紧密联系着。他认为,人的自由总是在劳动实践活动中和社会人际关系中展开

---

[1] 参见冯契:《人的自由和真善美》,《冯契文集》(增订版)第3卷,第32—33页。

的,离开实践和人际关系自由就无从谈起。自由正是表现在了人的现实活动之中,而人的现实活动本质上表现为从现实中汲取理想并把理想转化成现实的过程,冯契把现实活动的这一本质过程理解为从"自在"达到"自为"过程。

在黑格尔那里,"自在"和"自为"表现了概念发展的两个阶段,实际上也就是概念的对立统一原理。在马克思主义中,"自在"和"自为"则呈现为精神主体由自发(自在)到自觉(自为)的辩证发展过程,也就是人在认识世界和改造世界的实践活动中不断化自在之物为为我之物的过程。冯契继承了马克思主义的观点,也说:"现实的状况本来是自在的、自然的;人认识了现实,取得了理想之后又使之实现,现实就成了为我的、为人们的。"①前者表现了自在之物,后者则体现了自在之物被人认识和利用之后成了为我之物。当然,为我之物在实在性本质上也是自在的,这就是化自在之物为为我之物的过程。在这一过程中,主体自在而自为,并成就了自由的人格。

在现实中,人是在劳动实践中不断地完成着化自在之物为为我之物的过程。劳动中,人一方面按照劳动对象也即自然物自身的特点和属性进行生产;另一方面也把人的内在尺度运用到劳动对象之上,并最终形成了劳动产品,这就是劳动产品的创造过程,在这一过程中,人的本质力量在劳动产品中对象化了。为我之物作为人类之"所作",实际上就表现了人类创造的文化。从广义的价值角度看,为我之物实际上也就具备了广义的价值形态,人类所创造出的"科学的真、道德的善、艺术的美以及一切有利的制度、措施,等等",都是为我之物分化的具体呈现。为我之物的分化则反映了现实的可能性与人的本质要求在主观上的结合,也就是理想在不同领域中的呈现及其实现,因而"自由"在不同的领域也就有了具体的内涵。不过,总的来说,自由都表现了理想的实现,并表现了人格的本质趋向。

自由还是历史的产物,它随着人类实践程度的发展而不断扩展和深化。人们是在劳动中不断发展和意识到自身的自由本质的,而劳动所能达到的深度却受制于历史的具体条件,我们现实的可能性也总表现为一种有限的可能性,现实还是一个充斥着必然性的王国。这就决定了,理想作为现实的可能性的反映,总是表现了历史的阶段性的发展特征。自由作为理想的实现,化自在之物为为我

---

① 冯契:《人的自由和真善美》,《冯契文集》(增订版)第3卷,第6页。

之物的过程也只能表现为特定阶段某种程度上的实现。但是纵观人类发展的历史,总是呈现了从必然王国向自由王国不断前进的过程,对自由的趋向是一个整体性的趋势。因而,作为理想的承担者的人格的自由本质也是不断发展着的,人格就其作为人的本质在劳动实践中化天性为德性的主观呈现,它表现了自由的本质,而就自由本身作为历史的产物,自由人格则反映着人格对自由的趋向。

第二节 平民化的自由人格

一、传统的"圣人"人格学说

在冯契看来,中国古代哲学传统中,不管是儒家、墨家、道家还是佛教实际上都追求成为"圣人"[①],并且围绕人能否成为圣人以及如何成为圣人的问题展开了诸多的讨论。这些讨论实际上就是关于理想人格如何培养的问题,同时也反映了中国古代哲学中对"成人之道"问题的关注。冯契认为,正是在对这一问题的探讨中,传统智慧学说与本体论结合为一体,认识论与伦理学、美学之间也沟通起来。

传统儒家追求"内圣外王",所谓"内圣"也就是在个人修养上以圣人为榜样,并将圣人作为理想人格的追求。先秦时期,孔子最早关注了"成人之道"的问题。子路曾问孔子关于"成人"的问题,孔子回答说:"若臧武仲之知,公绰之不欲,卞庄子之勇,冉求之艺,文之以礼乐,亦可以为成人矣。"[②]这就是认为完美人格至少要求做到有智慧、廉洁、勇敢和才艺,而且还需要用礼乐来美化,体现了知、意、情相统一和真、善、美全面发展的要求。后来,孟子讲仁、义、礼、智之"四端""充实之为美",荀子讲"不全不粹之不足以为美",也都认为理想人格包含了真、善、美的统一和知、意、情的统一。在如何培养理想人格问题上,他们都重视通过学习、教育和修养来培养人的德性,认为应该在人伦关系中培养人格,重视仁义礼乐的教化,并尤其强调学校教育的重要性,重视榜样的力量。

在孔子那里,理想人格的榜样是三代圣王以及周公,到了孟子和荀子那里,

[①] 当然,关于"圣人"的内涵在各个学说中是有所不同的,而且也是发展着的。
[②] 朱熹:《四书章句集注·论语·宪问》,北京:中华书局,1983年,第151页。

孔子也被认为是比肩三代圣王与周公的"圣人",孟子有讲"仁且智,夫子既圣矣"①,荀子也说过"(孔子)德与周公齐,名誉与三王并"②。墨家的理想人格则是成为兼爱天下、制止战争的侠客,侠客其实是墨家意义上的"圣人"。在培养这一理想人格上,墨家同样强调教育、学习和修养的途径,只不过相比于儒家,墨家更强调行也即实践的重要性。道家追求的理想人格是"天地与我并生"、与自然为一的人格,这也是道家理想人格中的"圣人"。要成为这样一个"圣人",与儒主张的"学以成圣"不同,道家认为"为学日益,为道日损",道家的"圣人"是在"为道"中实现。因而,老子主张要"绝圣弃智""绝仁弃义""绝巧弃利",也就是抛弃所有文化价值,达到无知、无欲的境地,返璞归真才能"成圣";庄子则提出要通过"心斋"、"坐忘"的工夫,忘记所有仁义道德、是非、彼此,消除一切差别,从而达到自由、逍遥之境,总之,强调的是"无为以成圣"。

到了汉代,随着儒术独尊,孔子也逐渐被神化了,作为理想的"圣人"人格是否可以通过学习达到也成了问题。王充区分了"圣"与"神",认为"圣"可以学而至,而"神"则是天生的,是无法达到的。魏晋时期,玄学与名教逐渐统一,"神"与"圣"也统一起来,理想的"圣人"人格按照郭象的理论看是万不可达到的。这一时期,佛教东传并且逐渐玄学化,佛教中理想人格就是达到完全解脱的涅槃境界的佛,这也就是佛教中的"圣人"。在竺道生看来,"圣人"这一理想人格是可以通过学习接近的,但只有经过"顿悟",人才能成圣。禅宗和宋明理学中,认为通过悟,圣人可学而致的观点多少都受此影响。在如何成圣的问题上,中国禅宗的一大贡献在于重新将自觉原则与自愿原则统一了起来,唐代柳宗元讲"明"和"知"的关系,实际上也是强调将自觉原则与自愿原则相结合以造就理想人格。

宋明时期,如何学以成圣的问题表现在关于尊德性和道问学的争论以及知和行的争论中。在成人的问题上,儒者们大都认可"明理"和"用敬"也即"明"和"诚"、"学"和"养"的重要性,但是在明和诚孰先孰后的进路上存在争议。以朱熹为代表的理学家们主张"自明诚",偏重"道问学",而陆九渊则主张"自诚明",也就是偏重"尊德性"。"明"和"诚"都还属于"知"的工夫,而以陈亮、叶适为代表的儒学事功学派则强调"行"的重要,强调要在治世、救国这些实际的工作中

---

① 朱熹:《四书章句集注·孟子·公孙丑上》,第233页。
② 荀子:《荀子简释·解蔽》,梁启雄撰,北京:中华书局,1983年,第292页。

来造就人才,成就理想人格,陈亮主张的理想人格就是能够担当国家大事的英雄人物。到明代,王阳明提出了知行合一的观点,主张在"致良知"的工夫中成就理想人格。

在明清之际,近代"自我"人格观念开始启蒙。黄宗羲提出"功夫所至,即是本体"的观点,在理想人格培养问题上强调要通过"立志"培养豪杰之士,豪杰之精神表现为功业、文章,表现为一种激烈挣扎、冲突的反抗斗争。王夫之则提出"我者,德之主"以及"性日生日成"的观点,在成就理想人格问题上强调人的意志的作用,要发挥人的主观能动性。这些成人之道的主张中已经有了近代的色彩。

二、近代对自由、个性、独立人格的追求

进入近代以后,在中西文化的激烈碰撞中,中国近代思想家们提出了培养新人的观念。古代哲学传统尤其是儒学传统中,理想人格的代表总是古人,孔子之前是三代圣王,其后孔子本身成了圣人,培养理想人格也总是向他们的趋近。到了近代,随着社会危机的不断加深以及西方近现代思想的传播,自龚自珍开始,要求个性解放的呼声渐高,理想人格的诉求逐渐转向追求自由、个性和独立的人格。

龚自珍提出人才的培养要"各因其情之所近",也就是根据每个人的才能和性情来造就其人格,其中首要的就是要打破封建枷锁的束缚。戊戌变法之后,梁启超在《新民说》中提出了培养"新民"为代表的理想人格,其"新民说"强调民众之"自新","新民"就是要培养自尊且独立的人格。要培养"新民",梁启超认为重要的是要"除心奴"、"开民智",并提倡"新民德",要进行"道德革命"。在培养"新民"的问题上,不只是梁启超,严复、章太炎等都主张要"开民智",只不过作为维新派的严复强调"知"的方面,也就是重在对西方近代思想的宣传,而作为革命派的章太炎则主张在革命行动中开民智。孙中山也强调"行"在培养新民人格中的重要性,而且他还提倡为众人服务的人生观,重视在革命集体中唤起民众共同奋斗。近代培养新人的人格诉求反映在教育中表现为,学校教育取代了科举制度,新式学校的教育内容重视自然科学,新的人文社会科学取代了传统经学教育,而且也形成了比较平等的师生关系。

五四时期,培养新人的问题与人生观的问题相联系着,并且主要是围绕群己之辩展开的。胡适主张健全的个人主义的人生观,强调个人的自由选择和独立

人格。梁漱溟则主张儒家的合理的人生态度,他重视伦理关系,强调内心体认并在行动上贯彻情谊关系。李大钊则提出了合理的个人主义和合理的社会主义的统一的人格,并认为对这种人格的追求是劳动者自求解放的结果,而不可能依靠统治者或权威人物网开三面的恩施,应该在劳动和革命斗争中培养。鲁迅则描绘出了自由人格的精神风貌,将这种人格称为是觉悟的"智识者",他如此描述了"智识者"的形象:"这些智识者,却必须有研究,能思索,有决断,而且有毅力。他也用权,却不是骗人,他利导,却并非迎合。他不看轻自己,以为是大家的戏子,也不看轻别人,当作自己的喽啰。他只是大众中的一个人,我想,这才可以做大众的事业。"[①]在鲁迅对理想自由人格的这一描述中,实际上已经明确具有了平民化的色彩。而在革命斗争中,共产党人则形成了一套比较系统的关于如何培养共产党员的人格理论,并形成了理论联系实际、和人民群众紧密联系在一起、批评与自我批评的三大作风,这三大作风是培养共产党员人格的重要法宝,共产党以及党所领导的群众组织成了教育人、培养人的组织。

1930年代以后,中国共产党在培养新人问题上也有一些教训,主要表现在三个方面:一是在革命斗争中有时候过分强调集体的重要,而忽视个性的问题,把集体主义和个人主义对立起来,把个人主义和自由主义完全当作资产阶级的思想来批判,忽视了个性的解放。二是在组织中过分强调领袖、干部的作用,把他们当作培养新人的教育者,忽视了群众自我解放的原则,这也不利于个性的培养。三是过分强调在革命实践中培养新人,强调要在与工农结合中锻炼和培养自己,从而贬低了学校教育在人格培养方面的作用。在"文化大革命"中这一弊端暴露得最明显,全社会轻视教育、轻视知识分子,造成了社会性的灾难。而改革开放后,"全民皆商"的氛围开始入侵校园,冲击学校教育,使得教书育人变得扭曲,对社会主义新人格的培养也造成了一些消极的影响。

三、平民化自由人格的特征

基于对自由和人格关系的理解,在分析了中国传统哲学中的"成人之道"与中国近代关于培养新人的学说的基础上,冯契提出当代应该培养的理想人格是"平民化的自由人格"。冯契指出,所谓平民化的自由人格"是自由的个性,他不仅是类的分子,表现类的本质;不仅是社会关系中的细胞,体现社会的本质;而且

[①] 鲁迅:《且介亭杂文》,《鲁迅全集》第6卷,第104—105页。

具有独特的一贯性、坚定性,意识到在'我'所创造的价值领域里是一个主宰者,他具有自由的德性,而价值正是他的德性的自由表现"①。

与古代人追求使人成为圣人不同,平民化的自由人格反映了近代对培养新人的要求,作为理想人格的追求,平民化的自由人格表现了一种现实的普通人可切近的人格诉求。平民化的自由人格既不要求追求成为完美的圣人,也不认为有所谓终极意义的觉悟,其对自由的理解也非绝对意义上的,而是把自由当作人在劳动的本质中不断实践着的化理想为现实的过程。因而,它体现在每一个个体以自身为条件的劳动实践展开的过程中,自由作为人的趋向,体现在人格在实践的展开过程之中。

总的来说,冯契的平民化的自由人格呈现出以下四个方面的特点:一是区别于传统哲学中只有少数人能做到甚至没人能做到的圣人人格,他的平民化的自由人格呼应了近代哲学革命在人生观上对培育新人的诉求,反映了现代社会追求人格平等的发展趋势;二是区别于近代哲学革命在培育新人的问题上某些学者对个人主义的过分强调,平民化的自由人格继承了个人主义在对抗权威主义中表现出的"平民化"的色彩,但同时它也强调个性也要体现类的本质和社会的本质,注重个性解放与社会的协同,很好地体现了集体主义与个人主义之间的辩证关系;三是区别于以往共产党人所提倡的共产主义道德和革命英雄主义先锋队的道德理想,尤其是在人格培养问题上过分强调个人自觉不同,平民化的自由人格贯彻了自觉原则与自愿原则的统一;四是区别于以往的人格理论多将理想人格视为一个既定的完美人格,人格培养则是不断趋向这个完美人格,冯契则站在实践唯物主义的立场上对自由人格做动态的把握,不仅把自由人格看作是历史的、发展着的,而且把自由看作过程,自由人格是在自由实践过程中间展开的。②

四、平民化自由人格的培养途径

在回顾和总结了中国历史上人格培养问题的经验和教训的基础上,从合理的价值体系所要求的诸多原则出发,冯契提出了培养平民化的自由人格的基本

---

① 冯契:《〈智慧说三篇〉导论》,《冯契文集》(增订版)第1卷,第47页。
② 参见吴根友:《一个二十世纪中国哲学家的做人理想——冯契"平民化自由人格"说浅绎》,《学术月刊》1996年第3期。

途径。总的来说，这一基本途径就是"在自然和人、对象和主体的交互作用中，实践和教育结合，世界观的培养和德育、智育、美育结合，集体帮助和个人主观努力结合，以求个性全面的发展。"[①]具体来说则主要涉及以下三个方面：

首先，是教育与实践相结合，冯契认为，这是培养自由人格的根本途径。旧唯物主义认为人是环境和教育的产物，但从马克思主义的观点看，"环境正是由人来改变的……环境的改变和人的活动的一致只能被看作并合理地理解为革命的实践"[②]。这其实就是强调实践在教育中发挥着根本的作用，人是在革命实践中自我教育出的。人在实践中接受教育，发挥了人的主动性，使得教育真正做到了"为了人"、"出于人"，体现了人道原则。人在实践中受教育，还要做到人道原则与自然原则的统一，这主要体现在了出于自然而归于自然的价值创造过程中。所谓"出于自然"就是说价值创造活动中要把客观现实提供的可能性与人的本性相结合；所谓"归于自然"就是习惯成自然，也即人在实践活动中使得人所展现出的才能、智慧、美德最后就像人的自然本性似的。出于自然而归于自然的过程是一个反复的无限前进的运动，在这一运动过程中，人不断地实现着由自在而自为，即真正实现着自由，而且人的才能、智慧和德性也不断地得以提高。

其次，是世界观的培养和智育、德育、美育的统一。世界观的培养问题和智慧紧密联系着，教育的核心问题就是培养世界观和人生观，确立社会理想和个人理想。以往对世界观教育的理解经常被片面地等同于德育，甚至狭隘的理解成思想政治教育，冯契认为这在根本上是错误的。科学的世界观和人生观应该是智育、德育、美育和体育的有机统一，教育应该做到把智育、德育、美育和体育的有机结合，培养、塑造全面发展的自由的人，这也是真正贯彻人道原则和自然原则的统一的要求。就智育方面来说，就是要重视科学知识的教育。就德育的方面来说，就是加强品德教育，并且冯契还认为，德育不能局限于讲世界观、人生观，还要具体化到社会各个领域，针对各个领域内特殊的道德问题进行具体的教育。就美育的方面来说，冯契强调要用个性化的感性形象和各种审美活动来培养人。[③]

最后，是集体帮助和个人主观努力相结合。冯契指出，教育总是在一定的社

---

① 冯契：《人的自由和真善美》，《冯契文集》（增订版）第3卷，第252页。
② 马克思：《关于费尔巴哈的提纲》，《马克思恩格斯全集》第3卷，第4页。
③ 参见冯契：《人的自由和真善美》，《冯契文集》（增订版）第3卷，第248—250页。

会关系中进行的,只有充满爱和信任的关系才最有利于人的培养。因为只有在充满爱和信任的条件下,个性才能得到健康的发展,也只有在这样的条件下才能真正调动人在受教育中的主动性。具体到社会现实中,冯契提出应该发挥各级社会组织的作用,在各级社会组织中确立一种人道主义和社会主义统一的制度,让社会组织真正成为个性自由和大同团结的教育组织。同时,自由人格的培养还需要发挥个人的主观能动性,在自我修养方面永远不能懈怠,在追求自由的方向上要持之以恒。冯契还指出,个性应该"各因其性情之所近"地来培养,并批判了教育中过分实行灌输而忽视启发和因材施教的问题。

第三节 化理论为德性与德性自证

一、化理论为德性与德性的本体论意涵

平民化自由人格就其作为一种理想人格来说,不只是表现了人作为个性的认识与实践主体的"我"或"自我",而且是具有德性的主体。在冯契所讲的意义上,作为真善美和知情意统一的德性主体的养成问题才更是平民化自由人格的培养问题所侧重的,这一问题的核心也就是"化理论为德性"的问题。"化理论为德性"是冯契"智慧说"体系的重要组成部分,冯契对这一哲学命题的阐释不只局限于人格的养成途径问题,他有关价值学说的论说实际上都是关于这一命题阐述的重要内容,是冯契对认识论的哲学原理的具体运用。正是通过对"化理论为德性"这一命题的阐释,冯契回答了广义认识论的第四个问题,即理想人格或自由人格如何培养的问题。

在1950年代,冯契就提出了"化理论为方法,化理论为德性"的哲学命题,主要是强调"理论联系实际"的重要性。冯契认为,哲学理论要想有说服力和生命力,就必须转化成思想的方法,贯彻在自己的实践活动中,并且在自己对理论的身体力行中,将之融入自己的精神之中,也就是化为自己的德性,成就具体的人格。"化理论为德性"中所讲的"理论"在冯契那里主要是指哲学理论,也就是智慧,是某种真理性的认识。冯契所言之"德性",也不同于或者说不局限于一般德性伦理学所关注的作为具体的道德品质的美德,更重要的它是一种智慧之德。

"理论化为德性"的过程是实现从"知道"到"有德"的转变,而就其作为具象化的人格特质而言,则表现了真善美和知情意的统一。而且冯契还强调德性自证,从认识论的角度看,德性自证是实现由知识向智慧飞跃的重要环节。在冯契看来,德性之自得是德性自由的重要表现,"作为德性自由表现的智慧,总有其'非受之于人,而忽自有之'的东西。"①这就肯定了人的自由德性是智慧得以被把握的必要条件,也表明了关于把握智慧问题的个性特征,智慧作为自得之德,实际上也就指向了德性之自证。

总的来说,冯契是在本体论意义上言说德性的,他自己明确提到:"我这里讲德性,取"德者,道之舍"之义,是从本体论说的。"②"德者,道之舍",出自《管子·心术上》第三十六章:"天之道,虚其无形。虚则不屈,无形则无所位逆。无所位逆,故偏流万物而不变。德者,道之舍,物得以生生,知得以职道之精。故德者得也。得也者,其谓所得以然也。以无为之谓道,舍之之谓德。故道之与德无间,故言之者不别也。间之理者,谓其所以舍也。"③意思是说,德与道之间根本上是不可分割的,就万物生生流行、道为人所把握的意义上,德可以被理解为道的处所,"要以德为修道之舍,修道之径"④。正是在这种意义上,冯契肯定了人通过德性修养实现对智慧之道的把握的可能,智慧的实现追求性与天道的统一。

作为本体论意义上的德性表现为在对天道认识和把握基础上,不断被塑造着的自我人格。在写给友人邓艾民的信中,冯契曾指出:"中国哲学家讲'性与天道'的'性',包括 nature、essence、virtue 等多重意义。……人的本质应了解为从 nature 发展出 virtue 的过程(通过实践与教育)。"⑤这也表明了,"德性"在冯契那里不等同于伦理学中讲的狭义的美德,作为智慧之德,它也是实践之德,并且肯定人的自然性,也即 nature 的维度。从动态的角度看,人的德性表现为从 nature 发展出 virtue 的过程,人的德性的培养也都是以自己的天性为基础,在立德、立功、立言等社会价值创造活动中进行的,在这一过程中,人在根本上认识到了自己自由的本质。这时候,德性根本上意味着一种自由之德,这正凸显了作为

---

① 冯契:《认识世界和认识自己》,《冯契文集》(增订版)第1卷,第336页。
② 同上书,第357—358页。
③ 《管子校注》(中),黎翔凤撰,梁运华整理,北京:中华书局,2004年,第770页。
④ 付长珍:《论德性自证:问题与进路》,《华东师范大学学报(哲学社会科学版)》2016年第3期。
⑤ 冯契:《哲学讲演录·哲学通信》,《冯契文集》(增订版)第10卷,第238页。

实践的人格主体的本性。从静态的角度看,也即从一种既成性的角度看,德性才体现了具体的道德品格,这时候,德性正表现了实践的人格主体应该培养自身对真善美价值的追求。

二、德性自证及其个体性与历史性

所谓德性自证,也就是由"我"体认自己的德性,也即主体对自己具有的德性能作反思和验证。冯契批判地继承了王夫之"我者德之主,性情之所持也"①"我者,大公之理所凝也"②的说法,强调我作为意识的主体在把握天道、人道中的在场性。王夫之批评了老庄、佛学以及理学中关于"圣智无我"的说法,王夫之认为:"言无我者,亦于我而言无我尔。"就是说"无我"这种说法也是对"我"而言的,于"我"而言"无我"内在地矛盾着,并指责这种"无我"的主张是"淫遁之辞"③。他则提出"我者德之主,性情之所持也""我者,大公之理所凝也"的主张,在对天道智慧的认识和把握中,高扬德性主体性,肯定了"我"的在场性。

通过对王夫之讲的"色声味之授我也以道,吾之受之也以性"以及"吾授色声味也以性,色声味之受我也各以其道"④的阐释,冯契解释了凝道而成德与显性以弘道的问题。所谓"凝道而成德"是指,自然之理和社会伦理关系中的当然之则通过自我的实践活动不断受之在我,使得天道和人道之理最终凝结为自我的德性。所谓"显性以弘道"则是指在实践活动中自我将所受之德显现为情态,并各以其"道"地将之运用到活动对象之上,使得自我的个性和作为人的本质力量对象化了,在这之中创造了价值,自然也成为人化的自然。⑤ 凝道而成德与显性以弘道都表明了"我"在德性问题中的在场性,"我"才是德性的主体和核心。在肯定了"我"在德性问题中的在场性的基础上,冯契进一步肯定了"我"作为有意识的主体,不仅能意识到客观对象,同时也能意识到自己,也即自我意识,而且人还能用意识来反观自我,自证"我"是德之主。

冯契讲的"自证"不同于佛教中唯识宗之说,唯识宗"识体四分"说(即相分、见分、自证分、证自证分)中所讲的"自证分"主要指的是"自身能证知自身有认

---

① 王夫之:《诗广传·大雅》,《船山全书》第3册,长沙:岳麓书社,2011年,第448页
② 王夫之:《思问录·内篇》,《船山全书》第12册,第418页
③ 王夫之:《思问录·内篇》,《船山全书》第12册,第417—418页
④ 王夫之:《尚书引义·顾命》,《船山全书》第2册,第409页
⑤ 参见冯契:《认识世界和认识自己》,《冯契文集》(增订版)第1卷,第353页

识活动的自体,其作用在于证知见分缘相分的这一过程"①。他讲的"自证"则主要是强调"主体对自身具有的德性能作反思和验证。如人饮水,冷暖自知。"②具体到实践认识活动中,"德性自证"表现了人在化自在之物为为我之物的实践活动中对自己的认识和塑造过程。在这一过程中,自我通过创造性的活动,使得自我的德性在实践中经受培养和锻炼,最终自在而自为,自我成为"德之主"而自证了人的自由品格。

德性之自证,就其作为主体在其自身实践活动中达成而言,具有个性化的一面。而人本身还是类的存在物,人的个性的发展和群体的历史发展有着密不可分的关系,就此而言,德性之自证还体现为一个历史的发展过程。冯契认为,在原始人那里不存在德性自证的可能,虽然在原始人的神话、巫术、宗教仪式等之中也或多或少表现出了人的某些本质力量,但这种表现就其本质上来说远没有达到自为的程度,只是自发的。而且原始人对"自我"的意识也不够明晰,对我与物的认识还存在着部分的混沌,因而不可能"自证"。进入文明时代之后,随着人类物质生产力和精神生产力的发展,产生了许多我们在当代都称之为文明奇迹的东西。然而,许多历史文物就其本身的生产目的而言,它们只是满足了一时的使用之需求,只是在当代才更多地表现为一种具有不朽性质的精神财富,就像兵马俑和长城。这是因为这些物在其生产之时,制作者群体的创造力被灌注于其中,这些劳动成果本身也是人的本质力量的对象化的呈现,因而具有价值。但就这些物的生产活动本身而言,它也谈不上"自证",因为他们所创造的"不朽"更多是后人眼中的创造物,这一劳动生产活动对当时的制作者而言却不一定是"自为自觉的活动"。③

伴随着社会劳动分工的发展,劳动的分化使得个体之间的分化也越来越明显,在个性化的劳动之中,人的个性特点也突出地发展起来。在许多创造性的活动中,创作者在其创作过程中越来越显示出自我和自主意识,他们的创造产品和活动不仅反映了时代,而且也凸显着他们的个性,这些创造活动越来越成为自觉的活动。在这个时候,在这些富于个性特色的创造性劳动中,劳动主体通过熟练地运用劳动技巧,达到技进于道的地步,使得技能成为德性,劳动成为艺术,庄子

---

① 付长珍:《论德性自证:问题与进路》,《华东师范大学学报(哲学社会科学版)》2016年第3期。
② 冯契:《认识世界和认识自己》,《冯契文集》(增订版)第1卷,第353页。
③ 参见同上书,第359页。

所说的"庖丁解牛"、"轮扁斫轮"、"梓庆削锯"、"佝偻承蜩"等，都是此种技进于道的劳动状态。在这样的劳动中，劳动主体通过"精神自具专一的意志、明觉的理性和满怀自得之情"，做到了"以天合天"（以我之天合物之天，即以德合道），他们的劳动产品或作品就成了自我性情的表现，创作者的德性也在其个性化的创造活动中达到自由的境界。这时，创作者就可能在当下体验到了绝对、永恒（不朽）的东西，达到"自证"。①

德性自证所呈现出的历史维度，更多地表现在实践深度的历史性发展中。德性之自证就其实践的历史前提而言，它受制于人类自身实践展开的深度和广度。不过，冯契对德性自证的历史考察却也深刻地表明，德性之自证必然是在实践活动中，就其表现了人的个性的一面的时候才可能实现。冯契肯定了德性培养的途径是多种多样的，不同的人就其在创造性的实践活动中自证其德性的本质而言，可能是相通的，但每个人的体验却是个性化的、不同的，这才有不同哲学家在德性修养上的不同主张。像庄子就强调用"破"的方法，也即抛弃名利、仁义、礼乐等外在的束缚，来修养自身的德性，达到天人的合一。而孟子则强调"立"的途径，也就是在社会交往和伦理实践中，通过存心养性来修养自身的德性，从而达到"上下与天地同流"的自由之境。

三、德性自证与知、意、情的统一

虽然德性培养的途径万万千，德性修养的主张各不同，然而就德性之自证而言，"自证"总是包含了理性的自明、意志的自主、情感的自得，是知、意、情统一的自由活动。

所谓理想的自明，就是肯定了"我"是一个理性的主体，它表现了人作为有意识的存在者的本质，主体不仅能在实践中有意识地把握对象，而且同时能意识到自身作为主体，能反观自我和意识的活动和内容。明觉是作为理性的主体的重要德性。在冯契看来，正是因为有了明觉，"我"才可能认识和把握天道，把握性与天道的统一，获得智慧；也才进一步有可能通过对智慧的运用，凝道而成就"我"之德。因而，明觉是德性自证的首要表现和条件。

意志自主则是"我"成为"德之主"的关键。理性的自明重要的是提供了德之"自证"的可能性，而要想把明觉始终如一地贯彻于我们的行为和事业，并最

---

① 参见冯契：《认识世界和认识自己》，《冯契文集》（增订版）第1卷，第359页。

终实现凝道而成德,就必须要发挥自我意志的力量。正是意志力才使得人的精神在天人交互的实践活动中发挥主观能动性的作用,意志是形成德性的力量核心。在冯契看来,一个人如果缺乏意志力,那么他就不可能成就自由的人格。

情感的自得作为德性自证的重要方面,冯契援引孟子所言,"君子深造之以道,欲其自得之也"①,强调自得就是要使由道之得在"感情上如居安宅"。在这种意义上,"我"之德性的形成就是一种自然而然的呈现,它体现了性与天道的和谐。这是"我""自证"之"德"与自己的灵魂深度契合,它是自我具足的,而不是一种异己的力量。因而,"我""自证"之"德"就是令自己愉悦的事情,反过来,这也成了我追求德性"自证"的生生不息的动力源泉。

总之,在冯契看来,只有使理性自明、意志自主和情感自得三者统一于"我","我"才真正自证了人的自由德性,自由的德性就是要追求知、情、意的全面发展和真、善、美的统一。这时,自证之德性就把握了性与天道的统一,从而真正获得了智慧。而且,德性之"自证"不是单一性的,也不是封闭的,而是贯穿于自我实践创造活动的始终,并随着自我实践的拓展而展现为凝道而成德和显性以弘道不断发展和超越的交互作用的过程,"与时代精神为一,与生生不已的实在洪流为一"②。

四、真诚与德性自证的现实可能

冯契对"德性自证"的承认和说明,更多是表明了人具有实现自证的能力,但在现实中人们如何做到德性自证,这才是一个真正的考验。实际上,在日常生活中,人们非但并不经常反观以求自证,而且还经常自欺欺人,很难正视和正确评价自己。"认识你自己"这一早在人类哲学的轴心时代就提出的哲学命题,在当今时代依然是个值得进一步探讨的难题。人要真正地做到自我认识,并不是轻而易举的事情,这需要经过长期的锻炼和修养。

现实地看,要做到德性自证,冯契认为,首要地就是主观上要对自己真诚,提出"德行的自证,首要的是真诚"③。他指出,不论是道家还是儒家在德性修养上都认为"真正的德性出自真诚,而最后要复归于真诚",强调真诚应该是德性的

---

① 朱熹:《四书章句集注·孟子·离娄下》,第292页。
② 冯契:《认识世界和认识自己》,《冯契文集》(增订版)第1卷,第364页。
③ 同上书,第35页。

锻炼和培养过程中贯彻始终的原则。真诚对于人格的养成至关重要,冯契指出:"真诚地、锲而不舍地在言论、行动、社会实践中贯彻理论,以致习以成性,理论化为自己内在的德性,成就了自己的人格。当达到这样一种境界的时候,反映在言论、著作中的理论,就文如其人,成了德性的表现,哲学也就成了哲学家的人格。"①

其次,冯契指出,在现实中要保持和发展真诚的德性,还需要警惕异化现象。我们社会还处在商品经济的条件下,人对物的依赖是不可避免的,权力和金钱成了两种主要的异化力量。这时,人最容易产生权力迷信和拜金主义,很多人为了权力和金钱而放弃自己的尊严,失去做人的真诚,甚至道德也成了谋取权力和金钱的工具。因而,冯契提出要保持真诚,就必须拒斥权力和金钱的异化,要秉持一种理性的批判的态度,而且还要警惕伪君子假道学的欺骗。

再次,冯契提出要解放思想,培养和锻炼理性的精神,破除种种思想桎梏和限制。受主客观因素的影响,人的认识经常会表现出一种片面性。这就要求我们尽可能地通过学习提高自身的学识和修养,还要努力去掉偏私,正确处理群己关系,学会自尊和尊重他人。

最后,冯契还指出,德性自证不只是呈现为自我主观上的活动和体验,而且还通过"自我"现实的实践活动表现出来,因而也是有其客观表现的。心口是否如一、言行是否一致,这些是自我能察觉的,而且他人也能对此作出评价和判断。面对他人对自己的错误评论,我们应该坚持心口如一、言行一致,坚持特立独行,而不能像"做戏的虚无党"那样见风使舵、曲学阿世。这时,正如冯契所说,"德性表现为毫不动摇、生死不渝的操守,精神完全自觉地在言行中亲证其真诚"②。

通过对平民化自由人格以及德性自证的论述,冯契"智慧说"的哲学体系为我们从人格建构方面应对虚无主义提供了一种可选择的方案。同时,从中我们也可以看到冯契伦理思想对个人道德品格的关注。对平民化自由人格以及德性自证的分析论述,同样也反映了冯契伦理思想建构上史与思结合的方法特征,平民化的自由人格作为人格理想的追求,正是冯契在对中国传统"成人之道"以及

---

① 冯契:《认识世界和认识自己》,《冯契文集》(增订版)第1卷,第17—18页。
② 同上书,第356页。

近代培养新人学说扬弃基础上总结出来的。在个人人格与德性培养方面,趋向自由同样也反映了冯契伦理思想的根本追求。

第四节 "德性自证"的理论启示与挑战

一、德性本体对美德的超越

自伊丽莎白·安斯库姆的《现代道德哲学》一文始,当代西方伦理学迎来了德性论复兴的潮流。在与功利主义、义务论的交锋中,德性论伦理学渐成为一条新的建构伦理学理论的道路。德性论伦理学复活了亚里士多德伦理学的传统,着眼于"好的生活"来思考道德的问题,德性则是过好的生活的人所应具有的品质。"好的生活"不是一个先在的既成模式,而是人对生活的判断,因而理解好的生活始终与对人的理解联系着,这大概也是为什么安斯库姆会强调一种令人满意的心理哲学是道德哲学研究的前提①。也因此,对人的道德心理的研究,关注类似同情、移情等概念,以及对道德品质即美德的研究,关注类似节制、友爱、仁慈、公正、诚信、慷慨等品格,成为德性伦理学建构自身理论的主要表现。当代西方德性论伦理学的这种研究取向,正好符合了中国传统伦理学关注人格修养的传统,也因而在中国理论界得到了广泛的响应和重视。一方面借助西方德性论的理论范式可以在现代学科规范意义上促进中国传统伦理思想研究的规范化和系统化,另一方面借着这一股理论潮流所提供的中西方道德理论对话的空间进一步推动中国传统伦理思想的研究。

冯契关于德性的论述,就德性作为人的品格而言,同时也与他对人格的强调相对应,某种层面上也可以说是对当代德性伦理学复兴的一种呼应,也即重视个人德性的培养。当然,我们很难说冯契是有明确目的地想要呼应德性伦理学复兴的潮流,他之所以关注德性问题根本上还是广义认识论对认识主体问题的重视引发的,与智慧问题的紧密联系着,同时主要也是基于中国哲学传统中对人格问题的阐发来谈德性,并且其"德性自证"之德性主要也是在本体论意义上说的。但也因此,反而为我们跳脱出德性伦理学的视野来审视德性问题提供了思

---

① 参见 G. E. M. Anscombe, "Modern Moral Philosophy", Philosophy 33(1958).

想资源,从而为与德性伦理学对话开启了新的可能。

尽管就冯契从本体论的角度来讲德性看,我们就很难说冯契的论述呼应了当代德性伦理学的回归,但这却为德性伦理学关于德性问题的思考具有重要启发意义。从本体论的角度看,德性意味着对性与天道统一的智慧的把握,是在"道"的意义上来把握"德",其言"性"同样也是"道"意义上的,是道之全然之性,既是自然之性,也是本然之性,同时还是美德之性。所以冯契讲的德性自证也不同于一般德性伦理学中讲的对美德的追求与培养问题。德性之自证根本上意味着作为主体之"我"把握到了性与天道统一的智慧,把握到了自己的本质的自由德性,并表现在了天人交互作用的实践展开过程中。就此而言,冯契讲的德性不仅超越了德性伦理学中讲的美德,也超出了伦理学的狭隘视野,呈现为一个与认识论、本体论相联系的概念,而且在实际上也成为一般德性伦理学所讲的美德之为可能和必要的前提,某种意义上为德性伦理的哲学形而上学基础的建构提供了可供参考的思想资源。

事实上,尽管德性论伦理学在复兴的大潮为自身在当代伦理学研究中开辟了一席之地,但对德性伦理合法性的质疑从来也都没有停止过。当然这种合法性的质疑主要也是基于对德性伦理理论的合理性和有效性本身的批判,其中就包括对德性伦理学的目的论的批判。目的论往往也被视为德性论伦理学区别于功利主义和义务论伦理学的重要特征,后两者则被认为是后果论和动机论的伦理学。作为目的论的伦理学,德性论以"过好的生活"为目的来探究过好的生活的人应该具有的品格问题。但在关于什么是"好的生活"的问题上,批评的观点认为,德性论伦理学并未能给出确定的令人信服的答案,也因而不仅导致在关于与"过好的生活"相关的德性问题上存在分歧,而且导致德性论伦理学关于德性问题的论述实际上经常脱离了"好的生活"的目的,而转变成对美德的目的研究。美德就其作为人的良好品质而言,美德与德性同义,但就其作为外在于人的具有相对独立性的品质规范而言,美德与德性又有不同。[①] 这也就意味着,德性伦理要么无法提供有效的实践规范,要么变得与其目的论的基础无关,而趋近于传统的规范伦理学理论,这都使得德性论伦理存在的必要性面临质疑。

而冯契在本体论意义上对德性问题的论述,则阐明了德性存在的根源性和

---

① 参见韩东屏:《德性伦理学的迷思》,《哲学动态》2019年第3期。

现实性,从而为德性论之必要提供了理由。性与天道的统一作为智慧,是我们一切实践活动或价值创造活动的总则,这一总则既关注对象的规律性的一面,同时也关注人自身的本性,实践活动只有符合这两个方面的要求才能更好地展开。这也就意味着德性之为必要,是由存在和实践的现实根本上规定的。在德性问题上,人成为自身的对象,因而更需要关注人之性。而人之性,是包含了德性在内的多重维度,把握性与天道的统一体现在德性自证中,德性之自证要求理性的自明、意志的自主、情感的自得。知情意的统一,是人在道德实践中全然之性的体现和要求。就此而言,人的道德实践既是目的论的,同时也是结果论的和动机论的。

当然,这种笼统的说法,从伦理学内部看可能是无法接受的,尤其是目的论、结果论和动机论的伦理学之间恰是以各自的独特性来主张道德实践的全部特征的。不过,冯契也确乎不是直接参与规范伦理学不同理论之间的理论纷争,他是在总结中西古今理论与实践经验的基础上,阐明了人类道德实践的既有的综合性特征。就这种综合而言,尽管包含了对目的论、结果论和动机论的伦理学的肯定的方面,但这种肯定是一种批判的肯定,并不等同于其中的任何一个理论,在某种意义上同样也代表了不同于这些伦理理论的一端,而这反而恰恰构成了冯契自身的伦理理论特色。而且这种综合也提醒我们在更为全面的意义上审视人类的伦理实践,而不是纠结在理论自身的抽象融贯问题上来解构人类的道德实践,而这一定程度上也会导致道德的虚无主义。理性的自明、意志的自主、情感的自得,自证之德性立基于性与天道的全部事实之上,把握到这一点恰是智慧的灵光。

二、德性与德行的统一

冯契讲德性自证内含着历史和实践的维度,其德性不是只体现为抽象的本体论概念,而且指向现实的德行,也即合乎道德要求的行为。只有在德之行中,才能真正把握到性与天道的统一,自证智慧之德性。同样理性之自明、意志之自主、情感之自得,知情意的统一也不是抽象的观念的统一,而是在德之行中的具体的历史的统一,德性自证恰是在德行之中实现的,德性与德行是统一的。

一般来看,德性伦理学中讲的德性(virtue),更加偏重于过好的生活的人应该具有的品格、品质,强调一个人有德性的依据是基于内心的信念和欲望,而非外在的规范。这就使得德性问题更容易被理解成为心性上的问题,即重要的是主观上想要成为一个有德性的人,而忽视了道德践履本身的重要性,也即忽视了生活实践中按道德规范行动的现实价值。当然,如果说德性伦理学只在道德心性意义上关注德性问题也有失公允,德性伦理学主张的成为一个有德性的人落实在行为规范上也是要像一个有德性的人行为的那样去行为,只不过在区别于传统规范伦理学的意义上,它更加关注道德行为所指向的人格因素而非道德行为本身。也就是说,有德行的人不一定有德性,同样有德性的人尽管会有德行,但却不一定保证是按照道德规范要求的去行动,而是根据德性的取向去行动,这也就是说有德性的人的德行不是在规范意义上被理解的,甚至与规范意义上的德行相背离。如此,德性与德行在一定程度上被割裂开了,这也导致了德性伦理学始终面临着无法为人们的行为提供明确有效道德指导的诟病。

而强调德性与德行的统一实际上是中国传统德性论的一个重要特征。中国传统伦理注重人格的养成,这也是当代西方德性伦理学的复兴之所以备受中国思想界重视的重要文化根源,它激起了我们关于自身伦理传统的当代回响。尽管在人格、品格意义上,中国传统德性论有与当代西方德性论相一致的内涵,但中国伦理传统中德性始终与德行联系着,德性之德即是德行之德,德性之德离不开德行,这一点在儒家早期伦理观念的发展中尤为突出。实际上,在孟子之前德行的观念是更为流行的,像孔子之重视周礼,这是行为的制度规范,德就体现在对这些规范性行为的落实中;到了孟子,才开始把仁义礼智规定为德性,直至后世,心性儒学越发受到重视,对德性的声张才变得更为显著。但总的来说注重德行的传统并没有因为德性的兴起而隐退,只是在中国伦理传统历史发展的不同时期的侧重不同,而且在儒家传统中,德性不是孤立的范畴,而是始终被具象化为德行的体系。[1] 德性与德行的统一,就很好地避免了西方德性伦理学面临的无法提供行为指导的诟病,德行提供了具体的表现德性的行为典范,德性则表达着德行的目的取向,并且为德行提供了根本的依据。

而冯契的德性自证理论,作为对中国哲学传统的总结和继承,内在地关注到了德性与德行的统一,并且立足实践哲学,对这一传统做了进一步的发挥。冯契讲的德性也始终与德行联系着,德性的养成始终是面向实践的,而不是脱离实践

---

[1] 参见陈来:《〈礼记·儒行篇〉的历史诠释与时代意义》,《山东大学学报(哲学社会科学版)》2020年第2期。

来抽象地涵养道德心性,就像他强调的,"人的本质应了解为从 nature 发展出 virtue 的过程(通过实践与教育)"[①]。当然,面向实践涵养德性和德行并不完全等同,德行就其作为道德行为而言,只表现为人的道德实践取向,这只是实践的一种领域。这主要是因为冯契讲的德性并不局限于德性伦理中所讲的美德,而是首先在本体论意义上说的,是一种智慧之德。因而德性的涵养包含了全部的人性的事实和实践的事实,而非只有道德的事实,所以是面向全部的实践来自证德性。无论如何,冯契讲德性自证不是脱离实践的冥想,德性始终是面向实践的,也只有在实践中才可能自证德性。德性实践维度的展开,具体到道德实践中,自然就指向了德行。尽管冯契没有像传统儒家伦理那样提供一个关于德行的体系,但至少在一定意义上指明了德性之养成始终离不开德行,并且体现在德行之中。而至于具体的德行体系,则是在人类实践中历史地具体地生成的,对于生活在具体历史当下的人可以谈论具体的德性与德行,但不应该把二者给割裂开。

三、"自证"的难题与"理论"的局限

从人类总体实践的历史看,德性自证,理性的自明、意志的自主、情感的自得,这都是存在着的真实,智慧之存在绝非虚妄。但确认存在智慧和自证智慧之间依然有着巨大的鸿沟,真正实现德性自证绝非易事。尽管冯契也阐述了德性自证的现实可能和方法,但这些方法也远未摆脱理论的理想性,而且对于实现德性自证而言,真诚、警惕异化、解放思想这些原则或许是必要的,但还不能说是充分的。

同样是站在人类总体实践的历史看,德性自证也是一个永恒性的实践难题,尤其是就德性自证的普遍性实现而言。事实上,德性之"自证"作为理性之自明、意志之自主、情感之自得的统一,在实践的具体历史过程中,往往只表现为对其中一个方面的把握,表现为理性的极端、意志的极端和情感的极端,而非三者的统一。因而在理论上,理性、意志、情感经常表现为对抗性的关系,一个时代的哲学经常不是理性主义占据了风潮,就是唯意志论成了主导,又或者情感主义引领了风尚。在德性自证的问题上,理性、意志、情感的偏颇才是历史实践中的常态,统一反而是稀缺。尽管从任意一端理论逻辑的立场看,强调辩证地统一经常

---

① 冯契:《哲学讲演录·哲学通信》,《冯契文集》(增订版)第10卷,第238页。

被视为一种理论的折中,是任意一端理论逻辑立场的退却和不自洽的表现,但所有这些偏颇却自我证明的任意一端逻辑自洽的理论共同存在,不正揭示了更为真实和复杂的人类实践的现实吗?

就像徐爱问王阳明:"古人说知行做两个,亦是要人见个分晓。"而王阳明说:"古人所以既说一个知又说一个行者,只为世间有一种人,懵懵懂懂的任意去做,全不解思惟省察,也只是个冥行妄作,所以必说个知,方才行得是。又有一种人,茫茫荡荡,悬空去思索,全不肯着实躬行,也只是个揣摸影响,所以必说一个行,方才知得真。此是古人不得已补偏救弊的说话,若见得这个意时,即一言而足。"[①]任意一端理论逻辑立场之间的对立,不应该简单理解为对彼此的否定,而更应该看到一端理论对另一端理论的"补偏救弊",看到此端理论对当下偏颇的人类实践倾向的"补偏救弊"。就此而言,冯契讲德性自证、讲知情意的统一、讲智慧,克服狭隘的认识论而走向广义的认识论,某种意义上也是一种"补偏救弊",这本身就是智慧的呈现。虽然在德性自证的问题上冯契并未能提供具体且确定的自证德性的方法,但德性自证本身就是对我们最重要的意义,而且在德性自证中确证自我存在与价值之真实,也为我们克服虚无主义提供了最坚实的保障。

冯契的德性自证除了面临着实践上的"自证"难题,在理论上也面临着"自证"的难题,其中一个重要的质疑就是认为其"自证"方法担保智慧的真理性与真理的符合论之间存在理论上的不自洽[②]。的确,仅从字面逻辑上理解,"自证"方法担保智慧的真理性与真理的符合论之间就是对立的,"自证"方法担保智慧的真理性是主观符合主观,而真理的符合论则是主观符合客观。但冯契讲"自证",不是简单的自我主观认定,其"自证"作为认识的过程,本身就是建立在真理的符合论之上的,而且"自证"还是一个面向实践的过程,是在主观践诸于客观的过程中,把握了性与天道的统一。另外,"自证"的过程不是封闭的,而是表现为认识与实践的辩证发展的过程,同时也是凝道成德与显性弘道交互作用的发展过程,无论是"自证"之主体还是"自证"之过程都是历史地不断生成和发展

---

① 王守仁:《传习录》,《王阳明全集》(第一卷),吴先等编校,上海:上海古籍出版社,2014年,第5页。
② 参见张汝伦:《创新、超越与局限——试论冯契的广义认识论》,《复旦学报(社会科学版)》2011年第3期。

着的。因而，如果只从以"我"观之的角度来理解"自证"，"自证"方法担保智慧的真理性与真理的符合论之间的确存在着一定程度的理论矛盾，但一旦把"自证"视为实践的过程，"自证"在根本上还是表现为实践的难题。

除了"自证"的难题，也有研究者指出，"化理论为德性"中关于"理论"的解释过于局限为哲学理论①。关于这一点，在冯契自身对"化理论为德性"的阐述中可以得到确认。但是与其说冯契对"理论"的解释过于局限为哲学理论，不如说"化理论为德性"首先表现为冯契对自身"理论"的期待和要求。首先，冯契自身作为一个哲学家，他从事的就是哲学理论的研究工作，他所期望的就是把自己理论主张贯彻在自身的实践中，在理论与实践的结合中成就自身的品格，把"化理论为德性"之"理论"表达为哲学理论，首先就是对他自己而言的，由此也可见冯契自身的风骨。其次，"理论"作为哲学理论而言，实际上并不局限于哲学学科所认定的理论，而更应该被视为系统化、理论化的世界观的表现，在这种意义上"理论"就是关于世界的真理性的认识，是不是哲学理论并非问题的关键。最后，也如冯契自己所说的，之所以提出"化理论为方法，化理论为德性"的哲学命题，是为了强调理论联系实际的重要性。因而，对于我们而言，更重要的可能也不是冯契自己是否把对"理论"的解释过于局限为哲学理论，而是看到理论联系实际本身的重要性，要在认识与实践的互动中自证德性。

---

① 参见陈来：《论冯契的德性思想》，载杨国荣主编：《追寻智慧——冯契哲学思想研究》，2007年。

结　语

自尼采以来,现代性便被打上了虚无主义的烙印,不论是对现代性的反思,还是关于虚无主义的思考,现代性与虚无主义总是如影随形。以至于当今世界的后发现代化国家和地区在汹涌而来的现代化面前,总容易被无差别地冠之以虚无主义的隐忧。这正暴露了单一的现代性逻辑和话语的霸权,一个由西方文明所释放的关于现代性与虚无主义的幽灵在后发现代化国家和地区肆意地游荡。如果现代性是一种单一形态的世界历史发展的必然,在这种意义上,我们或可以认同由之而继起的具有某种普遍性意义的虚无主义的发生。但是,虚无主义就其作为由现代性所引发的现象,它总是呈现出区域社会文明本身所特有的文化特征。因而,对虚无主义的具体理解,必须深入到一个社会自身的文化背景中去。

冯契对虚无主义的批判为我们提供了一个理解中国社会虚无主义话语的视角,这正是就虚无主义的发生与中国文化相联系着的具体方面而言的。冯契对虚无主义的批判,尤其是他将虚无主义与中国传统哲学的独断论联系起来所做的批判,对于我们当下认识和反思中国社会的虚无主义依然具有启发意义。即使我们反感一种单一现代性话语的霸权——某种意义上我们确实也应该对此保持严格警惕——然而,一个不可回避的事实是,我们的现代性实践从一开始正是由这样的一种单一现代性话语所规定的。因此,我们也不可避免地被带到由此种单一现代性所造成的虚无主义的现实境况中。对西方虚无主义的历史考察表明,虚无主义在根源上正是由现代性思维所带来的对于智慧的遗忘造成的,而冯契"智慧说"体系则恰恰可以切入对虚无主义的这种普遍性的讨论中,为我们应对虚无主义提供了一个可能方案。"智慧说"体系对虚无主义的回应切中了虚无主义发生的逻辑,通过重拾"智慧",从哲学的根源上表现了对虚无主义的克服,通过对合理的价值体系的建构以及自由人格和德性自证的阐述,为我们现实地应对和克服虚无主义提供了具体的参考。

"智慧说"体系在认识论、价值论、人格论三个层面对虚无主义的回应,也从整体上反映了冯契伦理思想重要特征。总的来说,坚持本体论、价值论与认识论的统一是冯契伦理思想的根本特征,展现了哲学形而上学思维与伦理学思维的一种综合,对冯契伦理思想中相关伦理概念的理解必须从形上"智慧"的角度才能准确把握。趋向自由体现为冯契伦理思想的根本追求,自由作为理想,在冯契伦理思想体系中具有本体论的意义。不论是合理的价值体系的构建,抑或是个人人格的塑造与追求,都是以实现自由为目标追求,既要求实现自由社会的理想,又要求追求自由个性的实现。史与思的结合是反映在冯契伦理思想中的重要方法论特征,并凸显了冯契伦理思想的思维方法是坚持以实践唯物主义和历史唯物主义为出发点的。冯契伦理思想还注重社会伦理关系和个人道德品质两方面分析的结合,社会伦理关系表现在了对社会理想方面的探讨,个人道德品质则主要与个人理想相联系,二者统一在对自由理想的追求中。

"自由劳动是合理的价值体系的基石""自由的道德行为是自觉与自愿的统一""平民化的自由人格""德性自证",这些是冯契提出的独具特色的伦理思想命题,也是理解和把握冯契伦理思想的标志性的和核心的命题。透过这些命题,也展现了冯契伦理思想的独特风范,突出地表现为以下三个方面:

一、坚持马克思主义伦理观的底色

沿着实践唯物主义辩证法的道路前进,这是冯契青年时期经过比较探索确定的学术研究的进路,并且也是终其一生所坚持的学术研究进路。冯契在马克思主义哲学中国化研究方面所作的贡献毋庸置疑,并且得到了学界广泛认可和积极评价,认为冯契的智慧说为重构马克思主义哲学体系做了"可贵探索"[1],是马克思主义哲学中国化的"新突破"[2],是在学术层面实现了马克思主义哲学中国化[3]。可以说,马克思主义是冯契哲学思想的根本底色。

对冯契伦理思想的理论定位,根本上离不开对其哲学思想的定位,马克思主义同样也是冯契伦理思想的根本底色。冯契伦理思想坚持本体论、认识论、价值

---

[1] 何萍、李维武:《重构马克思主义哲学体系的可贵探索——冯契〈智慧说三篇〉导论初探》,《学术月刊》1996年第3期。
[2] 许全兴:《马克思主义哲学中国化的新突破——读冯契的"智慧说"》,《吉林大学社会科学学报》,2005年第5期。
[3] 王向青:《"智慧"说与学术层面的马克思主义哲学中国化》,《衡阳师范学院学报(社会科学版)》2007年第4期。

论的统一,这一根本特征就决定了无法离开冯契的哲学思想来孤立地理解其伦理思想。而且事实上,冯契也并不是专门研究道德问题的伦理学家,包括本研究对冯契伦理思想的梳理和阐述根本上也只是循着伦理学学科的相关概念范畴从其哲学思想中析取出来的,很难说是冯契在理论创建中就有明确目的地要参与相关伦理学问题的学术争论。对冯契的相关研究,也都是以哲学家的身份来定义冯契,而几乎没有研究者会以伦理学家的身份来定义冯契。但理论创作者自身在理论创建过程中的目的状态并不构成我们从学科规范意义上分析和理解其思想的障碍,就像马克思主义经典作家并不是专门研究道德问题的伦理学家并不影响马克思主义伦理思想存在一样,一个理论是否包含伦理思想关键地还是要看这一理论本身是否有涉及伦理学关键问题的内容。冯契关于价值、自由的道德行为、人格和德性自证等方面问题的阐述,既是其哲学思想的重要内容构成,同时也都是涉及伦理学研究的重要范畴,构成了其别具一格的伦理思想。如果说冯契的智慧说是马克思主义哲学中国化的重要理论成果,那冯契伦理思想一定程度上也可以视为中国化的马克思主义伦理思想成果,马克思主义伦理观是冯契伦理思想的底色。

尽管马克思主义一度被一些研究者认为是非道德(non-moral)甚至是反道德(anti-moral)的,但在今天这几乎不再是一个问题,马克思主义伦理学已用自身的发展证明了其存在的合理性。马克思主义伦理观坚持从历史唯物主义的角度出发阐明道德的本质和发展规律,并确立了集体主义的道德原则和追求人的全面自由解放的道德理想。[1] 尽管冯契并没有直接面向马克思主义理论而系统地发展马克思主义伦理学,但冯契伦理思想中对自由的追求,提出的社会主义和人道主义统一、大同团结和个性解放统一的合理价值体系及其建构原则,无不彰显着对马克思主义伦理观的贯彻。

冯契的价值论以"四界说"为基础,本身就是对马克思主义哲学具体运用和发展的结果。他对自由的执着正是马克思主义追求人的全面自由解放的道德理想的真实理论写照,而且这一关于自由的道德理想贯彻在其伦理思想的方方面面。冯契也不是脱离实际地抽象地谈论自由道德理想,而是坚持以实践唯物主

---

[1] 参见王泽应:《马克思主义伦理思想中国化研究》,北京:中国社会科学出版社,2017年,第41—52页。

义辩证法来具体地分析自由理想,自由理想的实现具有历史性,而且自由理想的实现不是抽象地空谈,只有在劳动实践中才能真正变成现实。事实上,冯契在对有关伦理命题分析中坚持史与思相结合,本身也是坚持历史唯物主义的体现,不论是合理价值体系还是平民化的自由人格,都是对历史经验总结的结果。尽管抽象地看这种史思的经验表现为主观的方面,但就这些主观经验的现实面看,它们与现实的关联是实实在在的,而且合理价值体系和平民化的自由人格作为具有导向性的追求,更重要的也是因为它们是历史经验符合了现实需求的结果,同时它们也深刻地反映了马克思主义伦理观的集体主义的道德原则和深刻的人道理想追求。

二、发挥中国传统伦理的特色

尽管冯契伦理思想从根底上来说是马克思主义的,但就其具体的伦理命题表达而言却体现了浓厚的中国传统伦理的色彩。且不说冯契之所以关注智慧本身就是基于中国传统哲学对西方狭隘认识论的转进,单就冯契提出的伦理命题而言,很多也都体现了浓厚的中国传统伦理色彩,像德性自证就是中国传统哲学的概念,而且冯契伦理思想中关于自由劳动、合理的价值体系、自由的道德行为、人格等方面的分析也都反映了深刻的中国传统伦理观念的色彩。

坚持实践唯物主义辩证法的立场根本上就决定了解决中国的问题必须立足于中国的实际,面向中国社会的时代伦理观的建构势必不能忽略中国传统伦理观,尤其对于中国这样一个文化历史传统延绵悠久的国家而言,就更应该重视对传统伦理观的时代回应和承继。冯契强调哲学研究应该关心时代的问题,他自身的学术探索一开始就是围绕着中国社会的实际展开的,从中国社会近代面临的古今中西之争这一时代问题,聚焦到知识与智慧这一哲学领域的时代问题上。所以在冯契的哲学研究中特别注重对中国传统哲学资源的继承和发展,注重在中国文化传统实践深层批判的基础上,来建构和发展其哲学理论,就像他对虚无主义的批判和无特操人格、天命论和独断论的传统相联系,从而在我们文化深层上揭示了中国社会虚无主义的原因。冯契伦理思想中同样注重对中国传统伦理观的时代回应和承继,他所提出的合理价值体系就包含了对传统价值学说中的合理原则和近代群己之辩成果的继承,自由的道德行为中的自觉原则也是中国社会伦理实践的传统,人格德性问题更是中国传统伦理观的重要方面,因而冯契伦理思想深植在中国人文化生命实践之上,发挥了中国传统伦理的特色。

当然,冯契伦理思想对中国传统伦理特色的发挥,不是片面地复古论调,而是一种批判性的吸收和继承,甚至这种批判性的吸收和继承,都很难说是对中国传统伦理的内在发展。有批评认为冯契对中国传统哲学的理解存在偏差,是"中国的哲学"而非"中国底哲学"[1],且不说这种批评是否正确,但就冯契哲学的底色而言,"中国底哲学"更多意味着其自身哲学体系建构的资源,其哲学体系建构是沿着实践唯物主义辩证法的逻辑展开的,而不是沿着传统哲学的逻辑。同样,冯契伦理思想中对中国传统伦理特色的发挥,根本上不是为了延续和发展中国传统伦理观念和秩序,中国传统伦理是作为一种跟我们血脉攸关的文化资源,为当代伦理观念和秩序的建构服务。只是站在中国传统伦理时代发展的角度,冯契伦理思想一定程度上也对中国部分传统伦理观的新生起了客观的推动。

事实上,冯契伦理思想在发挥中国传统伦理特色的同时,也对西方伦理观中的合理因素给予肯定,西方伦理观同样也是冯契伦理思想建构的理论资源。古今中西之争作为近代以来的时代问题,哪怕是片面地复古论调都无可避免地要回应西方文化观念的挑战,中国社会时代伦理观的建构也无可避免地要面对西方现代伦理观。可以说,冯契在其相关伦理命题中的结论是总结和吸收了中西方伦理之所长,或者更准确地说,冯契伦理思想是冯契从马克思主义的哲学立场对中西哲学传统和伦理实践传统批判性地比较和总结的结果。

今天,面对百年未有之大变局,伦理观念的革新不可避免,冯契伦理思想对中国传统伦理特色的发挥对于中国社会今后伦理观念体系的建构具有重要启示意义。在新的伦理观念体系的建构中,我们更应该拿出无比的文化自信,在坚持马克思主义伦理观的基础上,注重对中国优秀传统伦理观念和实践历史的经验总结,厚植中华民族自身的传统文化血脉。

三、践行真诚的学问与做人的本色

相较于哲学的其他分支而言,伦理学是最直接面向实践的,是一门实践哲学。而作为实践哲学,伦理学既有一般哲学理论求真的纯粹理性的追求,同时还追求向善的生活之道,不仅要帮助人们认识世界、认识自己,更重要的还在于能为人们改造世界、改造自己提供指导。为人们现实的道德生活实践提供指导,这才是伦理学存在和发展的根本动力和目的,这也是为什么传统规范伦理理论会

---

[1] 参见刘明诗:《冯契与马克思主义哲学中国化》,北京:人民出版社,2014年,第14页。

以不能够提供实践指导作为对德性论伦理学的重要挑战,因为这会在根本上消解德性论伦理学存在的必要性。

伦理学的这种实践精神,要求伦理学研究必须面向道德生活实践的时代问题,而且一个伦理学理论之所以能超越时空而直击人心,在理性上说服人,在情感上感动人,也一定是在相当程度上切中了一个时代人的时代困惑和心中郁结。理性上说服人是对一个理论逻辑上的严密性的考验,这是对任何理论的起码要求;而情感上感动人,这不仅和理论的价值指向联系着,甚至也与理论创作者本身联系着,要求真诚地做学问与做人。尽管逻辑地看,理论的真理性和理论的价值指向以及理论创作者的个人品质是无关的,真理有其冰冷的一面,但正如冯契在认识问题上所强调的,"理智并非干燥的光",认识离不开"整个的人",一个理论要有实践的说服力,要尽可能地被更多人认同,还需要有真诚的精神。这种真诚的精神,反映在理论上,就是理论要想人所想,关心时代的问题;反映在理论创作者上,就是要身体力行地践行理论,知行合一。假道学被揭穿的伤害,经常不只局限于行假道学的人,往往连道学本身都会受到质疑。

冯契伦理思想就突出地表现出理论的真诚品格,而且真诚也是透显在冯契伦理思想背后出的冯契个人的人格品质以及从事哲学研究精神的真实写照。正如张汝伦指出的:"哲学家不是不食人间烟火的玩学问的人,而是一个严肃的、有担当的思想者。"[①]冯契伦理思想正显示了这样一种严肃的、有担当的伦理思考,以对知识与智慧的关系之思来探索中国向何处去的时代问题,他所提出的伦理命题思考既有深刻的现实关怀,又不失理想追求,把理论的探索根植于时代、根植于中国人的生活生命实践需要,这是其理论真诚的最直接表现。而且真诚也是直接书写在冯契伦理思想中的要求,对以"做戏的虚无党"为代表的"无特操"人格的猛烈批判表现了对人格不真诚的强烈拒斥,而德性自证更是确认了真诚的首要原则。

理论的真诚与做人的真诚紧密联系着,冯契将真诚贯穿于自身一生的言行之中,即使在个人被"批判"、"打倒"、关"牛棚"的特殊时期,他也没有曲意逢迎,未曾改变这种真诚的本色。无论身处何境,都始终坚持对己对人的真诚,真诚的品格也更成就了他对信仰的坚定,支撑他度过那些人生的至暗时刻,也成就了他

---

① 张汝伦:《冯契和现代中国哲学》,《华东师范大学学报(哲学社会科学版)》2016年第3期。

结 语

广为人知的那句格言,"不论身处何境,始终保持心灵自由思考,是'爱智'者的本色"[①]。而那段特殊时期经历,也更促进了他在理论中对以"做戏的虚无党"为代表的"无特操"人格的批判,把真诚置于理论的重要地位。在这种意义上,"智慧说"体系之能应对虚无主义是超越理论的,它不独是一种纯粹的理论认识,而是指向为人的。

冯契伦理思想所透显出的这种践行真诚的学问与做人的本色,对于今天的伦理理论研究者来说是尤为可贵的。当代的伦理理论研究有其深入和缜密的一面,但这也越发造成一种风气,把学术的研究和做人看成为两截。从理论的角度看,这是合乎理性和逻辑的,但从智慧的角度看,这对伦理学的发展本身是有长远伤害的。尽管这里不是主张要把学术的研究和做人混为一谈,但至少我们应该对真诚的学问与做人的一致性问题保持一定程度的清醒认识。

最后,还需要指出的是,理论与实践之间的距离,不是理论自身能够抹平的,恰恰是要投身于实践。对于很多人来说,"智慧说"体系可能并不足以应对虚无主义的困境,尤其是当我们只是把"智慧说"体系当作纯粹理论认知的对象的时候。但德性的自证,智慧的获得,重要的不仅是冯契伦理思想中所说,而且还在于我们能否真的把这种对冯契伦理思想的"识"转为自身实践的"智慧"。而且仅是就理论的"识"而言,"智慧说"体系也很难说是完美的,相关的研究也从不同角度指出冯契"智慧说"体系存在着某些方面的不自洽和某些模糊的地方,就像,张汝伦认为"自证"方法担保智慧的真理性与真理的符合论之间存在理论上的不自洽[②];陈来认为,"化理论为德性"中关于"理论"解释过于局限为哲学理论[③];邓晓芒认为,自由理论对恶的问题有所忽略而过于理想主义[④];郭齐勇也认为"智慧说"对于主体性及其价值创造过程过于乐观而忽视了人类的有限性[⑤];等等。对于其中的一些理论质疑,本研究也尝试从冯契理论的角度做了部分回应,但这些回应可能也还不足以完全消弭这些质疑。不过,尽管"智慧说"体系

[①] 冯契:《哲学讲演录·哲学通信》,《冯契文集》(增订版)第10卷,第314页。
[②] 参见张汝伦:《创新、超越与局限——试论冯契的广义认识论》,《复旦学报(社会科学版)》2011年第3期。
[③] 参见陈来:《论冯契的德性思想》,载杨国荣主编:《追寻智慧——冯契哲学思想研究》,2007年。
[④] 参见邓晓芒:《人格辨义》,《江海学刊》1989年第3期。
[⑤] 参见郭齐勇:《冯契对金岳霖本体论思想的转进》,《人文论丛》(1998年卷),武汉:武汉大学出版社,1998年。

可能存在这些方面的问题和挑战,但这非但没有消解对冯契思想研究的意义,反而为我们继续深化冯契哲学和伦理学思想的研究打开了对话和讨论的空间。在这种意义上,研究冯契的"智慧说"体系或者他的伦理思想,重要的不是提供一个完备的哲学或伦理学方案,而是他的理论为我们当代哲学、伦理学的讨论提供了一些具有启发性的研究视角以及问题讨论空间。

附录一　中国社会的虚无主义问题及其研究

施特劳斯视虚无主义为特殊的德国现象,尼采视虚无主义为欧洲历史的基本运动,那中国社会今天所面对的虚无主义是什么呢?而正如本研究导论中提到的,不论我们是否真正理解或遭遇了虚无主义,一个不可回避的事实是,我们已经在大量运用虚无主义这一概念来指陈中国社会中存在的很多现象和问题,中国社会中已经形成了一套关于虚无主义运用的话语,总之,"虚无主义"之于中国社会已经是一种在场状态。关注中国社会的虚无主义问题,就需要厘清虚无主义概念在中国社会的传播与变迁,弄清楚虚无主义在中国社会指向的现实问题以及呈现出的研究话语。

一、"虚无主义"在中国的传播与流变

中国传统哲学非常重视"虚""无"以及"虚无"的概念,尤其是在道家、玄学和佛学中,它们都是极为重要的概念。然而,"虚无主义"概念本身却是一个舶来品,同许多近代传入中国的概念相似,这一术语是中国近代伴随着对西方思想的译介从日本传译而来,19世纪末20世纪初"虚无主义"概念开始在中国传播。[①]

"虚无主义"概念在中国社会的早期传入与传播更多是受俄国虚无主义传统的影响,中国思想界最开始不是在哲学层面上理解虚无主义,而是以一种社会革命的理念认识虚无主义的,并且由于恰恰符合了那个时代寻求社会变革道路的近代资产阶级革命者的需求而备受推崇。19世纪末20世纪初,与"虚无主义"概念关联的"虚无党"概念开始在中国传播。1894年,康有为在《大同书》中

[①] 从观念传播的意义上看,这一点是没有争议的,但是由于对虚无主义理解上的差异,也有一些不同的看法。刘森林将诺斯替主义看作是虚无主义的一个重要语境,而从诺斯替主义提供的标准看,"属于广义诺斯替教的摩尼教以及与诺斯替教相关的景教早在唐代就传入到了中国",因而"虚无主义在中国出现和扎根就不是随着现代性于19世纪末20世纪初才发生的事,而是一千多年前就有了"。参见刘森林:《物与无:物化逻辑与虚无主义》,第36—37页。而在徐复观在《中国的虚无主义》一文中,则将虚无主义看作是"危机时代的必然",并将中国第一次出现虚无主义追溯到西周厉王幽王时代。

介绍"尼古喇被弑"、"俄亚历山大被刺"之事时,就提到过俄国的虚无党人;1903年,梁启超在日本撰写的《论俄罗斯虚无党》一文中则对俄国的虚无党倍加赞扬,认为"虚无党之事业,无不使人骇,使人快,使人歆慕,使人崇拜",称颂无政府党的暗杀手段是反对专制政府"独一无二之手段",并极力提倡"破坏主义"。① 严格来说,"虚无党"作为对当时革命者的一种称呼,实际上与无政府主义主张上更为接近。只是由于在西方思想早期传译过程中,虚无主义与无政府主义、共产主义、社会主义等革命主张之间没有被很好地区分开②,从而导致中国近代对虚无主义理解一开始就被置入到一种革命的话语中。

直到1907年,《天义报》第11、12期合刊上发表了《论俄国革命与虚无主义之别》一文后,"虚无主义"与"虚无党"的区别才渐为国人注意。文中指出了国人对俄国虚无党人之革命存在误解,对当时中国思想界以虚无党人行暗杀之能来理解虚无主义的观点做了批驳,并且还进一步解释了虚无主义在俄国的由来:"虚无党人(Nihilist)一语,正译当作虚无论者,始见于都介涅夫名著《父子》(即屠格涅夫的小说《父与子》)中,后遂通行,论者用为自号,而政府则以统指畔人。欧亚之土习闻讹言,亦遂信俄国扰乱,悉虚无党所为,致混虚无主义于恐怖手段(Terrorism),此大误也。"③此后,哲学意涵上的虚无主义,逐渐得到了当时民国文人群体的重视,屠格涅夫在《父与子》中的论述几乎成了后来公认的"虚无主义"概念的来源,鲁迅、巴金、郑振铎等在论及"虚无主义"时也多以此来说明。

自虚无主义概念译介到中国,一直到20世纪30年代末,中国社会出现了对"虚无主义"这一术语使用比较密集的一段时期,甚至在当时的思想界掀起了一股关于虚无主义的思潮。总的来说,这一时期对"虚无主义"的使用还是以译介为主,但也出现了对于虚无主义比较复杂的理解和态度。在资产阶级改良派或革命党那里,虚无主义作为"虚无党"的主张,本身具有强烈的社会政治革命的

---

① 汤庭芬:《无政府主义思潮史话》,北京:社会科学文献出版社,2011年,第22—23页。
② 按照美国学者阿里夫·德里克的说法:"无政府主义和社会主义直到1913—1914年才得到明确的区分,无政府主义和马克思主义也是直到1920年代初期才得以区分的。"阿里夫·德里克:《中国革命中的无政府主义》,孙宜学译,桂林:广西师范大学出版社,2006年,第78页。
③ 原载于周作人:《论俄国革命与虚无主义之别》,《天义报》第11、12期合刊,1907年11月30日。见陈子美、张铁荣编:《周作人集外文》(上),海口:海南国际新闻出版中心,1995年,第29—32页。杨天石在《天义报、衡报》一文注释中指出:"本文为鲁迅嘱周作人作,包含着鲁迅的若干观点。"[《辛亥革命时期期刊介绍(第三集)》,丁守和主编,北京:人民出版社,1983年,第343页。]

意味，而且虚无主义更是无政府主义革命者的天然近亲。民国早期的文人群体一开始也被屠格涅夫《父与子》中巴扎洛夫怀疑一切权威和旧道德观念的形象所吸引，"虚无主义"成了承载着反抗传统道德压迫的观念力量，当时很多知识分子都自觉地要做一个虚无主义者，其中最著名的是朱谦之。在朱谦之早期哲学思想中，他明确标榜自己的哲学思想为"新虚无主义"，视虚无主义为思想最深刻、追求境界更高、革命最为彻底的象征。而当时虚无主义观念的盛行，也使得虚无主义与中国社会现实遭遇后的弊端渐渐显露出来。很多人打着虚无主义革命精神的旗号，实际上却是陷入到了一种精神颓废中，蜕变成一种不顾一切的个人中心主义，真正陷入到一种价值的虚无中去。鲁迅笔下的"做戏的虚无党"说的正是此种虚无主义者，他对民族劣根性的揭露和批判实质上也指向了此种虚无主义者，曹聚仁在《鲁迅评传》中甚至将虚无主义定为鲁迅一生思考的中心问题。

随着虚无主义与无政府主义、社会主义在概念上逐步被区分开，中国早期的马克思主义者一开始就站在了对虚无主义批判的立场上。1920年，陈独秀在发表于《新青年》第8卷第1期的《虚无主义》一文中就猛烈地批判了虚无主义，文中写道："我以为信仰虚无主义的人，不出两种结果：一是性格高尚的人出于发狂，自杀；一是性格卑劣的人出于堕落。"①他直陈虚无主义是"中国多年的病根"，是"现时思想界的危机"。另外，还需要注意的是德国传统的虚无主义对当时中国社会也有所影响，只是以比较隐秘的方式呈现出来。当时已经出现了一些关于尼采的研究，诸如《尼采的学说》(1920)、《权力意志的流毒》(1942)、《尼采的悲剧学说》(1943)等，在这些研究中作为现代性问题的虚无主义已经呼之欲出了。而另一条经由托马斯·卡莱尔(Thomas Carlyle)与辜鸿铭师生传递的渠道，虽然没有直接使用"虚无主义"这一术语，但辜鸿铭批判西方现代物质文明造成了精神和灵魂的沦落，而强调传统道德的可贵精神的基调，实际上与施特劳斯批判的德国虚无主义颇为相似。② 不过总的来看，这一时期对于虚无主义话语的运用，主要还是嵌入到了革命的话语之中，更多地与当时的中国社会变革相联系，而非在传统与现代文明遭遇的境遇中被理解，虚无主义在当时中国社会

---

① 陈独秀：《随感录(八四)》，《新青年》1920年第8卷第1期。
② 参见刘森林：《虚无主义的历史流变与当代表现》，《人民论坛·学术前沿》2015年第10期。

还未被意识为现代文明本质的问题。

对"虚无主义"这一术语第二次比较集中的直接使用出现在改革开放初期到20世纪90年代末。这一时期对"虚无主义"的使用已经很少看到20世纪早期在革命话语中对虚无主义使用的影子,对虚无主义思想的关注主要是伴随着当时的"尼采热"和"萨特热"流行起来的,同时也与当时社会经济制度的巨大变革紧密相关。改革开放后,随着思想的解放,西方近现代哲学的发展再次得到中国思想界的正视和重视,西方近现代哲学中关于虚无主义思想的论述被更系统地介绍到国内,尤其是尼采、海德格尔、萨特等人的思想。而且改革开放初期,中国知识分子和青年无不在苦闷与焦虑中思考着国家和个人未来的道路何去何从,而强调个人意志的尼采哲学和强调个人自由的萨特哲学,与当时知识分子和青年人渴望个性自由解放的诉求一拍即合,虚无主义也随着尼采、萨特哲学思想受到热捧而受到关注。更为重要的是,伴随着社会经济制度变革而来的经济社会的快速发展,使得中国社会与现代性的遭遇大大加深了,资本的狰狞面目越来越赤裸裸地展现出来,资本貌似在造就了某种平等的同时,却摧毁着整个社会的理想信念、道德价值,物化价值成为流行,享乐主义、拜金主义盛行,中国人开始真切地感受到现代性造成的价值虚无主义问题。除了在哲学上正本清源式的系统介绍,这一时期对"虚无主义"运用的话语实际上更多的是用来指责一些价值立场缺失的错误思想,享乐主义、拜金主义等统统被归为虚无主义,在对尼采和萨特的迷恋中走向极端的个人主义和自由主义也被认为是虚无主义的,并且还出现了一些"中国化"的表达方式,出现了诸如民族虚无主义、文化虚无主义等观念。

进入新世纪以来,对"虚无主义"这一术语的直接使用更加频繁了。当前对虚无主义的使用延续了改革开放后关于虚无主义的理解,只不过对虚无主义的使用更加泛化了。在哲学学理上,经过二十世纪八九十年代对虚无主义的系统译介,虚无主义的哲学意涵得以不断被澄清,对虚无主义的思考朝着更加细化和深入的方向推进。而在公共话语和日常话语中,对虚无主义的运用则进一步泛化,"历史虚无主义"与"道德虚无主义"成为关于虚无主义的最为常见的表达。关于历史虚无主义话题的讨论,在2013年、2014年、2015年连续三年成为《人民论坛》评选的年度十大热点话题之一。对历史虚无主义问题的重视,一方面与官方意识形态方面的价值诉求相符合,另一方面也反映了民间思想界的家国历史情怀。而对道德虚无主义的关注则反映了经济高速发展下人们深刻的价值忧虑,一些不断突破人们道德底线的事情发生和广泛传播,持续冲击着人们的道德感,这可以说是与现代性遭遇不断深化的结果和表现。

通过以上对"虚无主义"在中国一百多年以来传播和使用的概述,可以发现:一方面,虚无主义作为一种观念,其在中国的传播存在着某种理解上的断裂和跳跃,从近代的俄国传统话语转入到当代德国哲学的话语,从一种革命的话语转入到哲学价值层面的话语;另一方面,学术研究上"虚无主义"的本源与内涵越来越被澄清,但在日常语言中对"虚无主义"的使用却越来越泛化,而且这些泛化的使用与虚无主义的本意相距甚远,经常伴随着对虚无主义的误读。这种情况在暴露了我们观念上的某种匮乏的同时,某种程度上也表明了我们与虚无主义遭遇的现实境遇正在不断加深。随着现代化的推进,我们越来越多地在实际上触碰到虚无主义,因而,也不得不越来越多地借由虚无主义来表达我们面临的精神困局。

二、虚无主义与当代中国社会的精神困局

对虚无主义观念在中国近代以来传播与流变的概括性阐述,某种程度上已经简单回答了现实生活中对"虚无主义"这一术语的使用何所指的问题。而更为重要的问题是,我们正在经历着的与现代性造成的虚无主义的实际遭遇,即虚无主义何以成了当代中国社会精神困局的实质性问题。

按照尼采对现代性发生意义上的虚无主义的解释,虚无主义直接表现为基督教信仰的崩坍,其根源则在于西方理性形而上学的传统,这也就是说现代性的虚无主义根本上还是源于西方社会历史文化传统。而相较于西方传统,中国文化总体上似乎缺少普遍性的超验哲学的传统[1],以儒家为代表的中国传统哲学总体上是一种入世的生活哲学,其所追求的境界是一种"不离人伦日用底。这种境界,就是即世间而出世间底"[2]。因而,中国社会与现代文明遭遇就没有所谓的神圣价值失落的问题,似乎也不应该有类似西方现代社会那么深刻的虚无主义体验。然而,虚无主义作为现代性的必然危机,其内在于现代性之中,并不

---

[1] 这并不是否定中国文化传统中完全缺乏宗教信仰的体验,而是我们民间的很多信仰实际上其目的不是指向信仰而是指向现实的生活需求,就像李泽厚指出的:"中国人的价值观念非常重视此生,虽然也祭拜鬼神,其实是一个世界,天堂、地域等等另一个世界事实上是为这个世界服务的。拜神求佛,是为了保平安、求发财、长寿,这与基督教是不一样的,所以,我说中国的神不只救灵魂,更重要的是救肉体。"李泽厚:《新儒学的隔世回响》,《天涯》1997年第1期。
[2] 冯友兰:《新原道》,载冯友兰《贞元六书》(下),上海:华东师范大学出版社,1996年,第707页。

会因为我们没有普遍的超验价值信仰而不会发生，或许发生的具体表现形式会不同，但是作为时代的精神症候却是类似的。现代性历史就表现为虚无主义的历史，虚无主义是现代人无可逃避的命运。而现代化对中国来说不仅是被迫卷入的历史进程，而且是近代以来无数的仁人志士舍生忘死所主动追求的，不仅是国家发展的战略层面的诉求，而且也融入了几乎每一个中国知识分子和老百姓的梦想中。总之，对中国来说，现代化是不可逆的历史进程。在这种意义上，虚无主义就与当代中国有了普遍境遇的关联。而且从事实上看，越是传统深厚的晚发现代化国家，其虚无主义话语发生也越是密集，德国、俄国正是近代以来这样的两个虚无主义话语密集的发生地。中国同德国、俄国一样是一个典型的"晚发现代化而且传统深厚的大国"，而且与这两个国家相比，中国的历史更为悠久，中国现代化的发生更为迟晚，并且是在西方坚船利炮的威逼下被迫开始的，这就决定了中国与虚无主义遭遇的历史语境更为复杂。

正因为没有像西方那样与世俗生活决然两分的超验追求，伴随现代理性而来的世界祛魅进程或者说世界的世俗化进程，对中国人的冲击远不如西方人感受那么强烈。我们关于虚无主义的体验不是神圣价值失落的惊慌失措与颓废，而更多的是在对现代性价值热情拥抱时的负面效用。一开始不是拒斥虚无，而是热情拥抱虚无，在现代性摧毁了传统的世俗价值权威后，在个性解放的欣喜中，个体表现出了对现代性的全盘接受，"虚无"也被视为现代性的自然，中国近代早期对虚无主义的理解某种程度上正呈现为如此。而这种对"虚无"的接受性，不仅是近代虚无主义发生时的事实，而且也是我们现实中发生着的虚无主义的事实。这时的虚无主义恰是理性精神平衡"公共性"追求与"私人性"追求失败的体现，正如有研究指出的："虚无主义的出场，一定是以某种客观历史性——社会本身的'公共性'充分发育的反向结果。论及虚无主义，通常的观点是，理性个体的精神和道德世界被市场化中的一种看似自然的定在现实——功利主义、消费主义文化设计所钳制和操控，个体迷醉于此种'物欲现实'和'物役'关系，而无法自拔。"[①]这即是将虚无主义视为"私人性"追求对"公共性"追求的背叛，也即现代性在发展出来"公共性"价值秩序的同时，对"私人性"的过

[①] 袁祖社：《"虚无主义"的价值幻象与人文精神重建的当代主题——"私人性生存"与"公共性生存"的紧张及其化解》，《华中科技大学学报（社会科学版）》2009年第1期。

分伸张却僭越了"公共性"的价值秩序本身,而这种"私人性"追求本身却没有指向具有内在性价值的实在。在这种情况下,个体在日常生活中好像在不停地追逐价值,做着各种价值的选择,但实际上却经常是盲目的,被外界所推动着,个体自身根本上却成了精神上的"空壳"。虚无主义在中国正是以这种方式以更为隐蔽的形态在滋生发育。①

然而,理性终究只是现代性发生的思想前提,推动现代性扩张的现实力量则是资本,理性往往也只是在资本逻辑中才使得自身的力量成为现实。迄今为止,世界上任何一个国家现代化的进程都伴随着资本的身影,资本作为一种现实力量的体现,它在所有现代社会都会表现出一种强大的渗透力和控制力,资本的触角尽其所能地努力触及社会生活的每一个层面,力图控制世界的每一个角落,"一句话,它按照自己的面貌为自己创造出一个世界"②。资本的扩张背后是资本逻辑在作祟,资本所触及的地方,资本逻辑便开始行使自身的权力,"资本逻辑已渗透到社会生活的一切领域而成为'普照的光',乃是这个时代的隐秘本质"③。在马克思对虚无主义的思考中,他就将虚无主义视为是资本逻辑在精神价值层面的表现形式,其发生的内在根源便是资本逻辑。④ 中国现代化进程的开启就是在资本逻辑扩张的结果,虽然新中国成立后资本一度被压制,然而改革开放后,尤其是伴随着社会主义市场经济实践的不断推进,资本逻辑再度在中国获得了伸张的空间。不得不承认的是,资本的引入确在最大限度上推动着近四十年来中国经济的高速增长,并且根本上改变了中国物质匮乏的面貌,人民的生活水平不断提升,现代化进程的速度也在不断加快。然而,资本内在的局限性并没有因为社会主义制度条件下的运用而被彻底消除,资本逻辑成了催生中国社会当前虚无主义的现实根源。资本的本质是一种关系,体现为对他人劳动产品的私人占有权,而资本逻辑的根本特征则在于追求利润最大化。它将一切价值都降低到了"物"的水平上,劳动者也只是商品的附庸,个体生命本身没有内在价值,它造成了一种彻底的物化逻辑或者说起本身就是一种物化逻辑。资本

---

① 参见袁祖社:《"虚无主义"的价值幻象与人文精神重建的当代主题——"私人性生存"与"公共性生存"的紧张及其化解》,《华中科技大学学报(社会科学版)》2009年第1期。
② 《马克思恩格斯选集》第1卷,北京:人民出版社,1995年,第276页。
③ 张有奎:《资本逻辑与虚无主义》,北京:中国社会科学出版社,2017年,第101页。
④ 参见杨丽婷:《论虚无主义与当代中国的关系图景》,《广东社会科学》2015年第2期。

逻辑下,人越来越片面地发展成为"经济动物",不仅否定他人,而且最后也否定了自身。继之而起的便是金钱至上的观念和拜金主义的追求,而所谓的理想信念更是不见了任何踪迹,这正是当前中国社会精神困局的部分真实呈现。

当前中国社会的精神困局很大程度上即是伴随着资本逻辑扩张而来的理想信念的失落、道德观念的滑坡、犬儒主义的盛行,这些都是价值虚无主义的体现。中国社会语境中的价值虚无主义实际上经常指的就是这种对现代理性所确立的价值的反叛,而非西方意义上的最高神圣价值的崩溃,也非是世俗传统的权威价值的地位丧失。这种现实的价值危机对中国人来说更具切身性,成为当前中国社会虚无主义的典型写照。在当前被热烈讨论的历史虚无主义,根本上也是价值虚无主义的体现。相较于价值虚无主义的指称,当前中国社会对道德虚无主义的关注却是最多的,这主要是由于当前发生的一些无底线且影响广泛的道德事件,如"小悦悦"事件等,引发了人们普遍的道德忧虑。

而最后需要特别注意一下的是,随着科学技术的高速发展,尤其是当代人工智能技术的发展,科学技术可能会加剧社会的精神焦虑,这种焦虑有可能达不到虚无主义的程度,但也有可能超越当前价值虚无主义而走向更彻底的虚无。技术逻辑是一种事实逻辑,它可能并不关乎价值,但却可能完全摧毁价值,而资本逻辑最多也只能是破坏价值而已。实际上,海德格尔早就意识到了技术所隐含着的虚无主义危机,有研究者认为海德格尔在《技术的追问》一文中表达了"技术是最高意义上的虚无主义"的观点。[①] 因为现代技术的发展具有了使人类世界走向彻底毁灭的风险,而这也是最彻底的虚无主义了。而当前科学技术的发展,某些方面展现出了人与机器设备的高度融合趋势,不仅仅是技术依赖导致人自身的颓废,而且人造物对人本身的全方面的超越也越来越成为可能,这都存在人类自我价值溃败的风险。

三、国内虚无主义研究述评

这里主要对当前的研究(主要是进入新世纪以后的研究)做些具体说明和概括分析,这在很大程度上影响着面向"虚无主义"而思的可能方法。总的来说,当前关于虚无主义的研究一方面接续了二十世纪八九十年代关于虚无主义

---

① 参见杨丽婷:《技术与虚无主义——海德格尔对现代性的生存论审思》,《深圳大学学报(人文社会科学版)》2012年第2期

的研究,另一方面也将对虚无主义的研究纳入到了新的视野中去。

二十世纪八九十年代关于虚无主义的研究主要是对尼采、海德格尔等西方哲学家的虚无主义思想较为系统的译介。正如前文指出的,尼采的价值论的虚无主义和海德格尔的存在论的虚无主义某种意义上构成了在西方哲学范畴内探讨虚无主义的哲学话语基础,当前国内学界对虚无主义的哲学研究大多也绕不开对这二人思想的阐述。很多研究依然是直接着眼于对这两人有关虚无主义思想的挖掘,如张庆熊的《"虚无主义"和"永恒轮回"从尼采的问题意识出发的一种考察》(2010)、陈嘉明的《现代性的虚无主义——简论尼采的现代性批判》(2006)、刘森林的《面向现实的无能:尼采论虚无主义的根源》(2014)、杨丽婷的《技术与虚无主义——海德格尔对现代性的生存论审思》(2012)等;同时也出现了一些对二者虚无主义思想的比较性的研究以及二者与其他哲学家有关虚无主义思想的比较研究,如王恒的《虚无主义:尼采与海德格尔》(2000)、刘贵祥的《尼采与海德格尔对虚无主义理解的差异》(2012)、余虹的《虚无主义——我们的深渊与命运?》(2006)、仰海峰的《虚无主义问题:从尼采到鲍德里亚》(2009)等。这些研究在阐明了尼采和海德格尔的虚无主义的同时,也为我们打开了虚无主义的现代性批判的视野,尼采的哲学作为西方形而上学的"完成"(海德格尔语)和"后现代性的开端"(哈贝马斯语),对现代性以及后现代性价值的批判和理解,也都与之紧密相关。

而除了对尼采、海德格尔有关虚无主义思想的研究,当前国内学术界关于虚无主义的研究还呈现出以下几个方面的特点:

一、关于历史虚无主义的研究文献大量涌现,这方面的文献甚至占了虚无主义研究文献的大多数,由于本研究主要关注点并不在此,因此在这里不做更多论述。

二、站在马克思主义哲学立场上来思考虚无主义,着眼于马克思历史唯物主义对虚无主义的批判与克服。当前国内关于虚无主义研究的几个主要代表人物多是站在马克思主义哲学立场上来思考虚无主义问题,如刘森林、邹诗鹏、贺来等,其中刘森林与邹诗鹏对虚无主义有着多维度的考察,贺来则主要从价值论层面对虚无主义进行思考。同时一些关于虚无主义研究相关的著作和博士论文也多是站在马克思主义哲学立场上的探索,如刘森林的《物与无——物化逻辑与虚无主义》(2013)、邹诗鹏的《虚无主义研究》(2017)、张有奎的《资本逻辑与虚无主义》(2017)、唐忠宝的《虚无主义及其克服——马克思的启示》(2014)、马新宇的《辩证法与价值虚无主义》(2015)等。

三、开始注意探索西方其他哲学家如施特劳斯、阿多诺、阿伦特等人的虚无主义思想。如王升平的《价值相对主义与虚无主义：从罗尔斯到桑德尔——一种基于施特劳斯理论视角的考察》(2012)、刘森林的《〈启蒙辩证法〉与中国虚无主义》(2009)、涂瀛的《极权主义与虚无主义——阿伦特基于存在立场的思考》(2014)等。

四、重视进一步探索虚无主义与现代性之间的关系。如陶富源的《现代虚无主义的方法论批判》(2016)、邹诗鹏的《虚无主义的现代性病理机制》(2016)、陈赟的《虚无主义、诸神之争与价值的僭政——现代精神生活的困境》(2007)、吴宁的《现代性和虚无主义》(2010)、邓先珍的《黑格尔与作为隐秘虚无主义的现代性》(2011)等。

五、关注价值虚无主义问题，如贺来的《马克思的哲学变革与价值虚无主义课题》(2004)、《个人责任、社会正义与价值虚无主义的克服》(2009)、《寻求价值信念的真实主体——反思与克服价值虚无主义的基本前提》(2012)、刘尚明的《论确立绝对价值观念——兼论对价值相对主义与价值虚无主义的批判》(2011年)、孙亮的《在"哲学与现实"之间重审价值虚无的困境——对虚无主义阐释的形而上学路径批判》(2014)；从伦理、道德角度对虚无主义的思考也受到关注，如慈继伟的《虚无主义与伦理多元化》(2000)、刘丙元的《道德虚无主义的价值论》(2009)等。

六、注重探索虚无主义与中国的历史与现实之间的关系。一些研究关注虚无主义在中国早期的传播与流变，并探索分析了中国近现代的虚无主义，关注如刘森林的《虚无主义的历史流变与当代表现》(2015)、周良书的《五四时期"历史虚无主义"在中国之影响及其检讨》(2015)、朱国华的《选择严冬：对鲁迅虚无主义的一种解读》(2000)、贺照田的《从"潘晓讨论"看当代中国大陆虚无主义的历史与观念成因》(2010)等；另外一些研究则注重探究虚无主义与当代中国之间的关系，分析中国虚无主义的现状，如袁祖社的《虚无主义的文化镜像与当代中国"自我经验"实践的困境——"事实"与"价值"的深度分离及其历史性后果》(2009)、《"虚无主义"的价值幻象与人文精神重建的当代主题——"私人性生存"与"公共性生存"的紧张及其化解》(2009)、邹诗鹏的《现时代虚无主义信仰处境的基本分析》(2008)、杨丽婷的《论虚无主义与当代中国的关系图景》(2015)等,而值得注意的是杨哲在其博士论文《中国虚无主义问题研究》(2017)中系统探索了虚无主义实际上描述了何种中国问题,并何以成为中国的问题,本研究关于"虚无主义概念在中国的传播与流变"的论述从中受益匪浅;还有一些研究则注重探寻中国文化视野内克服虚无主义的可能条件与方案,如王树人的《最高价值的失落与追寻——兼评上帝的爱与儒家的爱》(2011)、《"上帝死了,道安在"——论精神危机和道思的魅力及其现代意义》(2006)、杨丽婷的《论当代中国克服虚无主义的实践资源》(2015)等。

以上对国内当前虚无主义研究现状的梳理还是比较粗线条的,每一个新的研究方面的拓展实际上也呈现出了很多不同的分析角度,受制于本研究的目的这里不做详细展开。即使如此,我们也可以看出,当前国内关于虚无主义的研究正在不断地细化和深入。不过,总体上而言,当前国内关于虚无主义的研究依然存在着不足,相关研究依然有待拓展,至少表现为以下两个方面的问题:

一是当前的研究大多还停留在西方文化现象的内部来分析和认识虚无主义,多数的研究还是在分析和探讨西方哲学家们是如何理解虚无主义的。很多研究实际上只是在重复性地阐述尼采和海德格尔的虚无主义思想而缺乏理论上的洞见;对其他西方哲学家关于虚无主义的研究依然不充分,已有的一些研究也多还停留在译介、评述的层面上。而且过分局限于个别哲学家虚无主义思想中,某种程度上限制了对虚无主义问题的宏观把握。另外,这也导致了对中国虚无主义的理解很多也是"以西解中"式的,而容易忽略对中国自身实际发生的虚无主义境遇的深入探索,真正着眼于虚无主义与中国实践关系的系统性探究还很少。

二是关于虚无主义的研究目前呈现出来马克思主义哲学与西方哲学两方面鼎足,而中国哲学方面的研究呈现出来某种缺位状态。当然从概念的来源看,由于虚无主义并不是中国哲学中的概念,中国哲学中像马克思主义哲学与西方哲学那样有关于虚无主义的直接阐述比较少。但是中国传统哲学中有对"虚""无"等概念的深刻关切,处在现代化进程中的中国社会正经历着深刻的虚无主义体验,从中国文化内部探索虚无主义与中国社会之间的关系应该受到重视,这也正是中国哲学研究方面表现出的关于虚无主义研究的不足,而且对中国现当代哲学家关于虚无主义的批判与研究贡献关注也不足。

附录二　近代思潮中的"虚无主义"观念演变及解读

一、近代思潮中对"虚无主义"观念的理解

冯契在《论虚无主义》中对"虚无主义"的理解和批判，受到了近代中国思想界对虚无主义概念解读的影响。虚无主义概念传入中国之初，是作为一种革命思想而被中国近代革命者和知识分子所接受的，近代早期的革命者和知识分子在虚无主义思想中投射了太多革命想象。这主要是因为虚无主义概念在传译的过程中更多是受到了俄国虚无主义思想的影响，而非西欧虚无主义思想的影响。而且虚无主义概念早期的传译与"虚无党"概念联系在一起，从而使得近代早期革命者更容易将虚无主义与社会革命之间发生联想，虚无主义成了一个承载了革命想象的概念。

（一）概念译介：从"虚无党"到"虚无主义"

1903年，梁启超主编的《新民丛报》刊发了《论俄罗斯虚无党》一文，文中提到："一八五九年，俄语新闻刊发大鼓吹虚无主义。"[①]这是可检索到的最早出现"虚无主义"这一词汇的汉语出版物。这篇文章主要介绍了俄国"虚无党"的历史，对于"虚无主义"只是如上提到，并没有对之做详细的解释。正如这篇文章所展示的，中国近代"虚无主义"的话语一开始就与"虚无党"的话语联系在一起。近代关于"虚无主义"的讨论，到1920年代之后才逐渐多了起来，在此之前，更多是关于"虚无党"的讨论，而且"虚无党"这一词汇在汉语中出现的时间也早于"虚无主义"。

"虚无党"这一术语是经由日本学者转译传入中国的。《译书公会报》1897年第2期"东报汇译"栏目刊载的《弹压虚无党议》一文是目前可检索到的国内

[①] 《论俄罗斯虚无党》，《新民丛报》，1903年，第40、41号合刊。《新民丛报》于1902年（光绪二十八年）在日本横滨创刊，编辑发行者署冯紫珊，实际上梁启超为主编。

出版物最早出现"虚无党"这一术语的文献,其中提到:"欧洲有虚无党者,以决破贵贱之区别,均分财产,更建新政府为揭橥,植党巩固,持志坚强,视死如归,而举止秘密,其动机几不可端倪也。"①《译书公会报》创刊于1897年,其主要是"以广译东西切要书籍、报章为主","东报汇译"栏目主要是译介并转载日本报刊的内容,《弹压虚无党议》正是转自日本《国民新报》的一篇文章,其译者为日本人安藤虎雄。国内早期对"虚无党"的介绍和认识大多也都是源自日本的相关研究,尤其是参考了日本烟山专太郎1902年撰写出版的《近世无政府主义》一书。据考证,《新民丛报》上的《论俄罗斯虚无党》、《警钟日报》上的《俄罗斯虚无党源流考》和《神圣虚无党》、《民报》上的《虚无党小史》等文章中对"虚无党"的介绍大多是直接译自该书②。在《虚无党小史》一文中,廖仲恺署名"渊实",甚至认为,"东邦之虚无党信史。当以此书(《近世无政府主义》)为第一"③。在"虚无党"一词出现之前,在康有为1894年写的《大同书》中实质上也已经关注到了"虚无党",其中提及"尼古喇被弑"、"俄亚历山大被刺"之事,只不过在表达上他说的是:"若列国竞争,互相擒房,革命日出,党号无君。"④"无君党"实际上就是"虚无党"。

近代中文报刊中对"虚无党"的介绍,基本上都认为"虚无党"是对19世纪中后期俄国某些革命者的称呼,这在某种程度上塑造了近代国人对"虚无党"的认知。不过,在俄国有的只是"nihilist"的概念,而提及"nihilist"这一概念在俄国的出现,近代关于"虚无主义"的研究几乎都会指向19世纪60年代俄国作家屠格涅夫的小说《父与子》。然而,在日本近代将nihilist译为"虚无党"的语境中,"虚无党"与俄国的"nihilist"已经出现了某些偏差。因而,在近代中国知识分子对日本翻译"虚无党"的转译中,国人对"虚无党"的理解就变得更复杂了。

不过,"nihilist"的概念并非屠格涅夫发明的,早在1829年,《欧洲导报》上就刊发了俄国文学评论家尼·纳杰日金的《一群虚无主义者》一文⑤。此后,俄国文学批评这对"nihilist"一次的使用便多了起来,不过此时的"nihilist"的形象不

---

① 安藤虎雄译:《弹压虚无党议(国民新报)》,《译书公会报》1897年第2期。
② 参见邹振环:《影响中国近代社会的一百种译作》,南京:江苏教育出版社,2008年,第178—180页;蒋俊、李兴芝:《中国近代的无政府主义思潮》,济南:山东人民出版社,1990年,第32页。
③ 渊实:《虚无党小史》,《民报》(东京)1907年第11期。
④ 康有为:《大同书》,邝柏林选注,沈阳:辽宁人民出版社,1994年,第64页。
⑤ 参见朱建刚:《十九世纪下半期俄国反虚无主义文学研究》,第38页。

甚明了。及至屠格涅夫的小说《父与子》出版,借由小说中的巴扎洛夫的形象,"nihilist"才真正在俄国乃至整个欧洲流行起来。而屠格涅夫笔下巴扎洛夫的形象是不屈服任何权威,对一切都持批评的态度,否定一切不可证明的法则,尤其表现为对传统习俗价值的怀疑和否定。总之,巴扎洛夫作为"nihilist"的典型形象,代表了一种反抗者的形象,这在当时俄国的文学界引起了不小的反响。出现了赫尔岑、车尔尼雪夫斯基、皮萨列夫等一批虚无主义文学家,同时也出现了像陀思妥耶夫斯基、斯特拉霍夫、卡特科夫、皮谢姆斯基、列斯科夫、冈察洛夫等一批反虚无主义的文学家。① 在近代关于"虚无党"的译介中,很多都有提到"nihilist"在俄国文学中的这种呈现。在《论俄国虚无党》中就指出:"史家纪虚无党者,率分为三大时期:第一,文学革命时期,自十九世纪初至一八六三年;第二,游说煽动时期,自一八六四年至一八七七年;第三暗杀恐怖时期,自一八七八年至一八八三年。"② 而正如关于"虚无党"的历史分期所反映的,"nihilist"在俄国流行起来之后,很快就超出了文学的范畴,而与社会运动相结合,尤其是与俄国的民粹派相结合,并最终获得了以恐怖暗杀手段推行革命的革命者形象。

实际上,在日本,对于"虚无党"的形象认知相较于俄国本身发生语境中的"nihilist"形象要更为明确,日本翻译语境中的"虚无党"就是指进行恐怖暗杀活动的"民粹派"。中国近代"虚无党"的概念和形象则要比日本语境中的要复杂许多,一方面是因为中国近代在对"虚无党"概念的转译过程中掺入了"无政府主义"的话语,另一方面则与直接从俄国文学中翻译来的"虚无主义"话语的兴起有关。这使得中国近代思想界在对"虚无党"认识上,有的倾向于将之等同于主张无政府主义的政党,有的认为它是专事暗杀活动的团体,还有的则将之与"虚无主义"等同混用,认为其是一种革命主张。

有观点认为,"虚无党"就是无政府政党,如曾任《民报(东京)》主编的张继认为,"虚无党"是以"威吓党"自称的无政府主义党派中的一支③;在《虚无党小史》中,廖仲恺也将当今研究中认为的典型的无政府主义主张者巴枯宁(Bakun-

---

① 参见朱建刚:《十九世纪下半期俄国反虚无主义文学研究》,第1—16页。
② 《论俄罗斯虚无党》,《新民丛报》,1903年,第40、41号合刊。
③ 自然生:《无政府主义及无政府党之精神》(1903),葛懋春等编:《无政府主义思想资料选》上册,北京:北京大学出版社,1984年,第25—40页。

in)认为是"虚无党之鼓吹者"①。这在某种程度上也反映出,近代"虚无党"的话语受到了近代"无政府主义"思潮的影响。还有观点认为,"虚无党"虽然和"无政府党"主张类似,但不同于"无政府党",如在《民报》1908年刊发的《帝王暗杀之时代》一文中就提到:"彼辈专反对政府行为,以废弃权力命令为目的,若虚无党,若无政府党。"②这里将虚无党与无政府党并列,实际上也就承认了二者有所区别。而认为"虚无党"是专事暗杀活动的团体或政党的认知就更多了,这也正是日本翻译语境中对"虚无党"的认知。而在1903年《江苏》第4期上刊载的署名"辕孙"写的《露西亚虚无党》一文中,实际上则将"虚无党"与"虚无主义"混同使用,文章中第一节标题为"虚无党主义及其成立之原因",而里面的论述中又大谈"虚无主义者"的问题,并指出"虚无主义者破坏主义也,露西亚特有之一种革命论也"③,不过文中也还将"虚无党"视为一个政党,其中提到,"鼓吹虚无之主义,扩张虚无之党势,此虚无党之责任也"④。这些关于"虚无党"含义的表达实际上体现了近代无政府主义和虚无主义主张上的混杂,而且连同支持恐怖暗杀活动都包括在了"虚无党"的概念之中。

"虚无主义"的汉语译介正是脱胎于"虚无党"汉译话语理解的混杂之中。作为汉语词汇的"虚无主义"是在对"虚无党"的译介过程中才出现的,就如梁启超在《论俄罗斯虚无党》中曾讲到过的"一八五九年,俄语新闻刊发大鼓吹虚无主义",以及上文《露西亚虚无党》中提到的"虚无主义者破坏主义也"。从这一角度看,"虚无主义"也存在从日本转译的现象,但是这种转译本身却没有在语义上提供更多可供讨论的空间。在这些文本中展现出来的是,"虚无主义"根本上从属于"虚无党"的概念,文本中所谓的"虚无主义者"就是"虚无党","虚无主义"也不过是"虚无党"的"虚无"主张而已,而其内容究竟是什么却不甚了了。

"虚无主义"在语义上的澄清则源于对俄国近代文学的译介,这实际上也可以说是一个独立的译介语境,这一译介语境中的"虚无主义"区别于"虚无党"译介语境中出现的"虚无主义"一词。在《民报》1906年第9期上刊发的《无政府主义与社会主义》一文中指出:"现世界之革命者有三大主义:一、社会主义 So-

---

① 渊实:《虚无党小史》,《民报》(东京)1907年第11期。
② 《帝王暗杀之时代》,无首译,《民报》1908年第21号。
③ 辕孙:《露西亚虚无党》,《江苏》1903年第4期。
④ 辕孙:《露西亚虚无党》,《江苏》1903年第5期。

cialism；二、无政府主义 Anarchism；三、虚无主义 Nihilism。"①这是直接将"虚无主义"对应于"nihilism"，而非是作为与"虚无党"对应的"nihilist"共同词根意义上的"虚无主义"。1907年，《论俄国革命与虚无主义之别》一文发表，文中进一步解释了"虚无党"在俄国的由来，并在汉语译介上进行了澄清，指出"虚无党"是对"nihilist"的误译。这实际上已经在语义上关注到了"虚无主义"与"虚无党"的差别，经由俄国文学语境译介而来的"虚无主义"开始获得了独立的话语空间。

1920年以后，俄国文学译介语境中的"虚无主义"已经成了国内思想界公认的虚无主义概念的源头。很多思想家撰写的有关虚无主义的文章以及一些汉语刊物中关于虚无主义的名词解释都视屠格涅夫的《父与子》为虚无主义的来源，比如1935年《读书生活》杂志中对"虚无主义"的词条解释就指出："虚无主义名称的由来始于1862年俄国屠格涅夫所著小说《父与子》，小说中的主人翁巴扎洛夫，抱着一种'对什么也不尊敬，什么也不信仰'的态度，这种态度就被称为所谓虚无主义。"②1942年《自修》杂志对"虚无主义"的词条解释也与之类似："十九世纪中叶，俄国小说家屠格涅夫，在所著小说《父与子》中，描写主人翁巴扎洛夫不屈服任何权力，否定一切不可证明的法则，这种要求绝对的个人自由的发展，称虚无主义。"③

(二)解读方式：从泛政治化认识到哲学解读

虚无主义概念与虚无党概念的区分，表明近代关于虚无主义的讨论话语存在着从政治层面解读到哲学层面解读的转变。随着虚无主义被视为一种哲学层面上的主张以及关于"虚无主义"的讨论在1920年代以后趋热，对虚无主义哲学层面的理解也出现了不同的认知。最开始是对俄国文学语境中虚无主义的哲学意涵的澄清，而后关于虚无主义的哲学解读进一步汉化了，出现了结合中国传统哲学中的"虚无"思想对"虚无主义"的解读；同时在中西思想的交汇中，开始杂糅中西思想来解读"虚无主义"，尤其出现了朱谦之那样自我标榜的"虚无主义"哲学。而且随着对哲学层面上的虚无主义的解读，虚无主义在与中国独特

---

① 这篇文章是廖仲恺对W. D. P. Bliss所著A Handbook of Socialism之一节的翻译，署名渊实，刊发在《民报》1906年第9期。
② 《名词浅释·虚无主义(答邹启元君)》，《读书生活》1935年第2卷第8期。
③ 乐天：《名词浅释·虚无主义》，《自修》1942年第204期。

的文化以及人格的结合中越来越偏离其原本的哲学意涵,在中国近代思想界开始出现了对"虚无主义"的批判。

"虚无主义"最开始被认知为"虚无党"的理念,对它的解读和认知最初也是政治层面的,尤其是在日本翻译语境中的"虚无党"主要是指进行恐怖暗杀活动的俄国"民粹派",这也导致了最早对"虚无主义"的解读和认知是一种近似恐怖主义的革命主张。而时值中国资产阶级革命风起云涌的年代,俄国虚无党人这种以恐怖暗杀活动来对抗专制统治者的革命手段,正好迎合了中国资产阶级革命派的需求,并称虚无主义为"最快捷"、"成功最容易"且"名誉光荣"的革命手段。早期的资产阶级革命家孙中山、章太炎、秋瑾、宋教仁、陈天华、廖仲恺等都在不同程度上支持暗杀活动,黄兴甚至曾打算亲自从事暗杀活动,虚无主义与中国革命者似乎一拍即合。

然而,严格来说"虚无党"与其说与"虚无主义"相关,倒不如说与无政府主义主张上更为接近,尤其是继承了俄国无政府主义理论活动家巴枯宁的无政府集产主义中的暴力革命与个人恐怖主义的主张。而无政府主义思想在中国的传播很长一段时间内又与共产主义、社会主义在语义上混用,某种程度上这也就造成了虚无主义与无政府主义、共产主义、社会主义等革命性主张之间的替代性效用。在《东方杂志》刊发的一篇译文《法国之非军国主义》中就指出:"俄有虚无主义,Nihilism;德有共产主义,Communism;社会主义,Socialism。皆以颠覆阶级为目的。于内国肆其暴动。"[①]而在另一篇译文《俄国社会主义运动之变迁》中则指出:"新社会之大使命,则理想社会之实现必可预期,于是遂深信启导人民为俄国社会运动之真谛,赫氏既倡其说,巴枯宁(Bakunin)氏又从而实行之,即世所谓虚无主义(Nihilism)是也。虚无云者,盖表其否定一切传说,一切权威之意,但亦不过略变西欧之社会主义为俄式而已。"[②]从中可见,虚无主义、共产主义与社会主义概念之混杂。因而,中国近代虚无主义一开始就被置入到一种政治革命的话语中被解读和认识就不难理解了。

而随着《论俄国革命与虚无主义之别》一文的发表,"虚无党"与"虚无主义"概念的意涵逐渐被区分开。国人对"虚无主义"的解读逐步从政治层面转向了

---

① 《法国之非军国主义》,《东方杂志》1914 年第 11 卷第 6 期。
② 君实:《俄国社会主义运动之变迁》,《东方杂志》1918 年第 15 卷第 4 期。

哲学层面，尤其是结合屠格涅夫的小说《父与子》中巴扎洛夫的形象来探讨哲学层面的"虚无主义"。

俄国文学汉译语境中的"虚无主义"，在近代一般被认为是源于俄国文学家屠格涅夫的小说《父与子》，作为小说中主要人物之一的巴扎洛夫被认为是典型的"虚无主义者"。怀疑与反对构成了巴扎洛夫虚无主义方法论的核心，巴扎洛夫自称"否认一切"，面对阿尔卡季（小说的主人翁）的父亲尼古拉·彼得罗维奇"你们否定一切，或者说得更准确些，你们破坏一切……然而终究是要建设啊"的质疑，他回应称："这已经不是我们的事情……首先应该把地方清理干净。"①巴扎洛夫的这一回应即是说虚无主义的首要任务就是"反对"，至于"建设"暂不在虚无主义的主张之列。不过，巴扎洛夫也并非什么都不承认，他藐视权威，否定一切既定的原则和信仰，乃是因为这些东西于其自身来说并不可靠，对其自身经验的事实，他却并不一味否定，就这个方面看，虚无主义者近似于一个实证主义者。钟兆麟在《什么叫做虚无主义》一文中就认为，实利主义是虚无主义的特质，称"虚无主义者，是以实利为前提的，因为科学有利于人生，所以承认它，而其他是无益于人生的，所以否认它"②。

除了结合俄国文学译介语境对"虚无主义"进行的哲学层面的解读，中国传统哲学中的虚无思想也掺入了近代虚无主义的讨论话语之中，很多学人将对虚无主义哲学层面的理解和认知与老庄哲学联系在一起。用中国传统哲学观念中的虚无思想来认识和理解虚无主义，可以说是中国近代思想界解读虚无主义的又一大特色，"以中释西"某种程度上也成了在哲学层面上解读虚无主义的重要方式。例如陈敬在《虚无主义的研究》一文中，就大量借用中国传统哲学中的文本论述来说明虚无主义，在文中他不仅认为"老子是中国虚无主义的一个代表"，而且还通过对老子、文子、庄子的哲学文本分析，阐释了虚无主义内涵的直观性和变动性。③ 1920年，《新中国》杂志分两次刊发了朱谦之的《虚无主义与老子》一文，文中一开始就明确指出："形而上名学，是虚无学者所用的方法，有了这种方法，总能发生出一切虚无的学理，就是虚无主义和其他各主义的不同。"这实际上是将形而上学等同于虚无主义。文章同时指出，黑格尔正是在形

---

① 屠格涅夫：《父与子》，张冰、李毓榛译，北京：中国画报出版社，2016年，第61页。
② 钟兆麟：《什么叫做虚无主义》，《国立中央大学半月刊》1930年第1卷第6期。
③ 陈敬：《虚无主义的研究》，《东方杂志》1920年第17卷第24期。

而上学的意义上运用虚无主义的,而近代俄国的思想家受到黑格尔哲学的影响,才有了巴枯宁、赫尔岑等革命家的出现。朱谦之将老子的学说同样视为典型的形而上学,从而"老子的学说在中国也引起了许多有力量的思想家,和无形中的纲常名教革命"。[①] 这实际上是将中国传统中对纲常名教的反抗视为虚无主义革命之一种,而且将老子的"虚无"思想看成了必然引发虚无主义的根源。蔡尚思在1946年《求真杂志》发表的《再评李季的老庄封建说》一文,直接以"中国虚无主义史略"为副标题,用之表示"中国历代道家的重要思想"[②],这实际上也是将道家"虚无"思想等同于"虚无主义"。

而在中国近代思想史上关于"虚无主义"的讨论中,影响最大的思想家莫过于朱谦之,"五四"时期,朱谦之极力主张虚无主义。除了以上提到的用中国传统哲学中的"虚无"思想来解读"虚无主义",朱谦之还借助孔德的实验主义、叔本华的厌世主义、柏格森的直觉主义等思想改造虚无主义,试图创立系统的虚无主义哲学体系,"其虚无主义呈现出中西合璧、古今结合、极端及空想的特色"[③]。在1919年发表的《虚无主义的哲学》一文中,朱谦之就展现出了建立系统的虚无主义哲学的努力,文中写道:"本篇的意思就是要把从前的虚无主义,成就个有系统有根据的完全的学理。"并从方法论、宇宙论、进化论、政治论、经济论及善恶论等方面全面阐述了其虚无主义的理论主张。[④] 在1920年1月出版的《现代思潮批评》中,朱谦之如此定义了虚无主义,他说:"我的虚无主义只是个'真实主义',因要求真,所以不惜将虚伪的宇宙完全解放,又是'进化主义',因宇宙的进化是'自无而有,自有而无',现在是要自有而无了,所以虚无主义顺着这个潮流现身说法。"[⑤]这是将虚无主义视为顺着进化的路子而求"真"的方法。最终,在《革命哲学》一书中,朱谦之以"情"为本体建构起其虚无主义的哲学体系,他指出虚无主义的终极目的"是要革掉宇宙的牢笼,几时革到'虚空平沉,大地破碎',那时才算虚无主义的目的达到了"[⑥]。这实际上是将虚无主义走到了否

[①] 朱谦之:《虚无主义与老子》,《新中国》1920年第2卷第1、2期。
[②] 蔡尚思,《再评李季的老庄封建说》,《求真杂志》,1946年第1卷第4期。
[③] 张国义:《一个虚无主义者的再生——五四奇人朱谦之评传》,北京:中国文联出版社,2008年,第10页。
[④] 朱谦之:《虚无主义的哲学》,《新中国》,1919年第1卷第8期。
[⑤] 朱谦之:《现代思潮批评》,新中国杂志社,1920年。
[⑥] 朱谦之:《革命哲学》,上海:泰东书局,1921年,第227页。

定的极端,不过在论证的方法上他是以"情"为根本支撑的。在朱谦之看来,"情就是虚无,无知无名,无是无非",而宇宙革命便是"真情之流",是不可避免的,因而"虚无"也是不可避免,无法阻挡的。总的来说,朱谦之的虚无主义哲学体系展现出了结合中西哲学来解读"虚无主义"的努力,一方面它表现了中国近代虚无主义话语的某种独特性,中国的虚无主义话语在意涵上的确存在着与西方现代哲学意义上的虚无主义的不同;另一方面,也要看到,朱谦之对虚无主义思考的起点实际上与无政府主义以及蕴含了怀疑和否定精神的巴扎洛夫式的虚无精神紧密关联着,近代在哲学层面对虚无主义的各种解读话语,都认可了虚无主义所蕴含的否定和怀疑精神。

另外,值得注意的是,随着近代对尼采的译介,现代性意义上的虚无主义也即尼采所论述的经典意义上的虚无主义也开始被近代一些学者意识到,对虚无主义哲学层面的这种"经典式"解读也以一种隐性的方式展开。近代关于尼采思想的介绍很早就开始了,1904年,在王国维主编的《教育世界》上就刊发多篇介绍尼采其人以及其哲学思想的文章,其中也有论及尼采对基督教道德的批判以及价值虚无的问题,并着重论述了尼采的"贵族的道德主义"[①]观。周国平曾指出,王国维代表了20世纪上半期从"哲学和学术立场"对尼采的接受和诠释,而另一种接受和诠释尼采的立场则是鲁迅为代表的"社会和文学的立场"[②]。鲁迅在1920年《新潮》杂志就发表过《察拉图斯忒拉如是说》的部分译文,并在此基础上对尼采思想也有一些阐发,他更多地关注了尼采对现代文明的批判。不过,近代对尼采的译介很少直接提及虚无主义的概念,所以严格来说尼采对虚无主义的经典表述对中国近代虚无主义话语的建构影响有限,只是作为现代性问题的虚无主义,因此在实质意义上被触及。

二、近代革命话语中的"虚无主义"

"虚无主义"概念在汉译上与"虚无党"概念的交织,使得近代知识分子对"虚无主义"的认知和理解不可避免地深受"虚无党"话语的影响,并且更容易将"虚无主义"与社会革命之间产生联想,把革命的想象投射到"虚无主义"概念之

[①] 王国维:《尼采氏之学说》,《教育世界》1904年第78—79期。
[②] 周国平:《二十世纪中国知识分子对尼采和欧洲哲学的接受》,《周国平人文讲演录》,上海:上海文艺出版社,2006年,第128页。

中。这也反映在了近代思想界对"虚无主义"的讨论话语之中,近代关于"虚无主义"的讨论主要是在近代革命话语中展开的,而且思想界一开始接触"虚无主义"思想观念,也更多地表现出了对这一思想的接受性,甚至是赞美。

(一)近代革命话语与对"虚无主义"的积极认同

正如有研究指出的,"20 世纪中国思想界最宏大的现象,莫过于革命话语的兴起和泛滥。自 1903 年邹容的《革命军》出版,'革命'一词如烈火燎原,从此以后,几乎没有一个社会生活领域可以逃过革命的入侵"①。中国近代关于"虚无主义"的讨论话语自然也避免不了革命话语的入侵。中国近代的"虚无主义"话语深受革命话语的影响,这种影响一方面体现在对"虚无党"以及"虚无主义"的译介上,它们最开始正是作为一种革命活动和学说被关注到的;另一方面体现在对"虚无主义"解读之中,对"虚无主义"的解读不仅一开始就表现为一种政治层面的解读,把"虚无主义"与无政府主义等近代具有革命倾向主张的政治概念相关联,而且哲学层面上对"虚无主义"的解读也更加关注其中蕴含的反抗精神;而更为重要的是,对"虚无主义"评价与革命形势的发展紧密相关,作为一种倾向于强调破坏的主义,在革命的兴起阶段,人们对虚无主义更多的是认同,而在革命即将胜利的阶段,虚无主义的负面作用开始显现,人们便更多地开始否定虚无主义了。

实际上,不只是 20 世纪,也不仅限于思想界,整个近代以来中国最基本的运动就可以说是革命,而且中国历史上也没有哪一个时期像中国近代那样在"革命"的观念上频繁更新,传统的农民革命、现代资产阶级革命以及人民民主革命在中国近代短短的一百年间依次集中上演。"革命"话语发展的不同阶段也导致了对于"虚无主义"话语的不同认知评价。"革命"观念在中国传统思想中早已有之,只不过"中国传统文化中'革命'一词的意义,就是由改朝换代所塑造的。"②中国近代以太平天国运动为代表的农民革命更多的就是这种意义上的"革命",革命的失败就意味着改朝换代的失败。而对近代"虚无主义"话语有影响的"革命"话语,实际上更多的指现代的革命观。现代革命观中的"革命"其意

---

① 金观涛、刘青峰:《观念史研究——中国现代重要政治术语的形成》,北京:法律出版社,2009 年,第 365 页。
② 同上书,第 366 页。

义多是指"彻底变革,且具有正面价值。"①中国近代现代"革命"观的兴起是在维新变法失败以后,这也是资产阶级改良派的失败,这才有了伴随着邹容的《革命军》出版带来的"革命"一词的烽火燎原。不过,现代"革命"的话语最早却是由资产阶级改良派引入中国的,并最终在中国近代资产阶级革命派宣传与行动中发展成声势。现代革命观实际上确立了"革命"的正当性,它不仅自身是正当的,而且也成了其他社会话语和行动以及政治权力正当性的根据,"自中国式革命观念成熟后,凡不主张革命的,就成为历史前进的阻力。"②

当清末中国资产阶级改良运动失败后,关于革命的呼声高涨,近代中国思想家因而对世界其他国家的革命运动尤为关注,1900年代前后国人对"虚无党"的关注是自然而然的。在对"虚无党"早期的宣传中,更多的是认同和赞美"虚无党"的行动。《论俄罗斯虚无党》一文就极力称颂"虚无党",其中写道:"虚无党之事业,无不使人骇,使人快,使人歆慕,使人崇拜。"并称颂无政府党的暗杀手段是反对专制政府"独一无二之手段",并力倡"破坏主义"。③ 廖仲恺在《虚无党小史》中则认为俄国"虚无党"运动是一种进步,指出"虚无党之进步非一朝一夕之事"④。而与"虚无党"话语在译介和解读上都有着深刻纠缠的"虚无主义"也在早期对"虚无党"的认同中被认同。而且由于在"虚无党"话语译介初期与无政府主义话语并没有被很好地区分开,也导致对"虚无主义"政治层面的解读经常与安那其主义(无政府主义)、社会主义等混用,因而虚无主义作为社会革命主张的意蕴有时候就变得更明显了。

当"虚无主义"话语逐渐从"虚无党"的话语中分离出来后,在哲学层面上"虚无主义"被解读为否定和破坏的精神,在革命早期,对旧文化、旧价值的否定和破坏便具有了革命的积极意义,因而很多人也对"虚无主义"持肯定的态度,正如冯契所说:"不可抹杀:在一定的历史阶段,虚无主义也起到过一定限度的进步意义的破坏作用。"⑤而且俄国文学译介语境中被认知的"虚无主义者",一

---

① 金观涛、刘青峰:《观念史研究——中国现代重要政治术语的形成》,北京:法律出版社,2009年,第373页。
② 同上书,第394页。
③ 《论俄罗斯虚无党》,《新民丛报》1903年第40、41号合刊。
④ 渊实:《虚无党小史》,《民报》(东京)1907年第11期。
⑤ 冯契:《论虚无主义》,《冯契文集(增订版)第11卷》,上海:华东师范大学出版社,2016年,第173页。

般都被还原为屠格涅夫《父与子》中巴扎洛夫的形象,而这一形象更多是被解读为一种反抗者的形象,这一形象同时被认可为自由的追求者、科学的拥护者,这都符合了近代革命的理念形象。在《什么叫做虚无主义者》一文中,就直接定义"虚无主义"是"一种以自然科学为根据,持着批判的精神,否认继承的权威,追求人生新意义的社会哲学",并声称,"虚无主义"是"伟大的哲学",是"对人类历史遗留下来所称为文化的东西,作一总评价,结果,因为过去的一切都是恶浊的垃圾,所以不留一点地否认和破坏"[①]。

(二)近代革命进程中对"虚无主义"批判

随着近代革命学说的传播以及近代革命形势的发展,"五四"以后,中国共产党人开始登上中国近代历史的舞台,仅仅强调破坏的"虚无主义"已经不能满足新时期革命者的要求。在这一时期,革命所面对的重点已然不是破坏旧的制度和价值的问题——尽管这种破坏依然是有必要的——社会面对的是如何推动革命继续前进的问题。新的革命虽然还需要继续"否定"与"破坏"——需要否定当时军阀当道的政治,需要与帝国主义的干涉势力、封建残余势力继续斗争——但此时的"破坏"与近代资产阶级革命早期面向封建王朝的"破坏"已经非常不同,此时的"破坏"更加寻求前进的道路,也即对中国往何处去的探寻,人们更加渴望的是"建设"的方法,而不是"否定"的方法。总的来说,此时"革命"在内涵上已经从偏重"破坏"的方面开始转移到偏重"建设"的方面了,在这时,"虚无主义"自然也要被批判了。而且随着共产主义、社会主义与无政府主义被区分开,正如同共产党人同无政府主义者逐渐划清界限,对被视为"无政府主义"近亲的"虚无主义"的批判也就更加无法避免了。1920年,陈独秀在《虚无主义》一文就猛烈地批判了虚无主义,主要是对当时社会上弥漫的虚无主义话语做了批判,指出:"中国底思想界,可以说是世界虚无主义底集中地。……我敢说虚无思想,是中国多年的病根,是现时思想界的危机。"[②]1928年《长虹周刊》第11期每日评论栏目刊发的《虚无主义与理想主义》一文,则直接指出"虚无主义"在根本上是与现实背离的,是不切实际的:"虚无主义的本身,是暴动,颓废,是进的或退的破坏。有时虚无主义可以是客观上达到未来的现实所常有

---

① 钟兆麟:《什么叫做虚无主义》,《国立中央大学半月刊》1930年第1卷第6期。
② 陈独秀:《随感录(八四)》,《新青年》1920年第8卷第1期。

的过程,但虚无主义是走不到现实的。"并且号召人们"击碎虚无主义,击碎理想主义,到健全的实际来,用实际的知识去创造那新的实际。"①

随着人民民主革命的推进,"虚无主义"更是从一开始助益于革命的"破坏"而逐渐与革命寻求"建设"的内在追求越来越背离,并最终从"革命"的同盟军变成了"革命"的敌人。到1940年代以后,对"虚无主义"的批判就更激烈了。在1945年在署名"石公"的一篇文章《虚无主义者群》中就严肃批判了虚无主义,指责虚无主义是一种"玩世"的态度,文中讲道:"绝望与悲观,发生虚无主义。虚无主义不一,而为玩世则同。"文中甚至还引用法西斯主义来指明"虚无主义"的危害:"法西斯主义者——至近世,法西斯主义者为最极端之虚无主义者。"②把虚无主义指责为法西斯主义,可以说是对虚无主义的极端否定了。在《论虚无主义》一文中,冯契也提出了要辩证地看待"虚无主义"在革命中的作用的问题,指出"虚无主义不等于虚无","'一切取决于时间、地点和条件'。昨天,在反动派统治下,人民把巴扎洛夫看做朋友(虽然是不很可靠的朋友);今天,当人民自己掌握了政权的时候,我们就要严正地劝告他:把你那否定精神也否定了吧,不然,你就要成为人民的敌人了。"③这实际上,就是说"虚无主义"在这时已经走到了"革命"的反面,因而需要对其进行彻底的批判。

除此以外,由于虚无主义在与中国文化中独特的人格以及传统思想观念的结合中被深深地误解了,中国近代流行的虚无主义不仅完全没有了俄国式的反抗和否定精神,而且实际上成了一种堕落的人生态度,虚无主义成了卑鄙者的遮羞布,他们一面标榜着虚无主义,一面自甘堕落下去。面对这种状况,当时的知识分子有些是想通过澄清俄国的虚无主义来批评国人自我标榜式的对虚无主义的误解;还有一些知识分子则直接对这种中国式的虚无主义进行了批判,这些也都构成了中国近代虚无主义话语批判的内容。

中国近代一些知识分子敏锐地观察到了虚无主义观念在与中国人的人格精神结合中出现的话语扭曲,通过与俄国虚无主义的对比,近代中国国民精神中普遍存在的实质性的虚无主义精神症候被彻底揭露出来,并进而从国民性批判的角度抨击了当时国人中普遍存在的"伪虚无主义"问题。在《极光》杂志刊登的

---

① 参见《虚无主义与理想主义》,《长虹周刊》1928年第11期。
② 石公:《虚无主义者群》,《民主政治》1945年创刊号。
③ 冯契:《论虚无主义》,《冯契文集》(增订版)第11卷,第174页。

《中国的虚无主义》一文中,就通过与俄国虚无主义革命的对比分析,指出当时中国流行的虚无主义是病态的,虚无主义"在俄国的表现令人惊心动魄",而"在中国的表现却令人丧气",在俄国"为后来的革命播下了种子",而在中国"反破坏了革命的信仰"。文章认为,中国的虚无主义有两个原则,一是"否定一切——'天下事无非是假'",二是"游戏人间——'世间人何必认真'";而由这两个原则发挥成为两种生活的态度,"第一种是超越时代,第二种是个人中心主义",这进一步造成了"没有时代感觉,民族意识而惟孜孜于自私自利的升官发财主义者"。通过此,文章抨击当时知识青年的虚无主义精神取向,认为"目前中国的大学生,十个有九个沾染了虚无主义的色彩","今日中国大学生的病根,无疑地是传自那虚无主义"[1],并呼吁抵制虚无主义对个人精神的入侵。《虚无主义与理想主义》一文中也说:"虚无主义是中国的国粹,现在更是支配着一般人的行动。他穿上了新的衣服,但那衣服不合适人的身材。一般人可以否认他自己是虚无主义者,然而他的行为中有多量的虚无主义的行为。"[2]从中可以看出,随着近代后期对虚无主义的批判,虚无主义已经逐渐丧失了正面意义的价值,而作为人们行为实质上的虚无主义却越发严重了,这种实质意义上的虚无主义不是俄国式的,而恰恰是中国式的,"虚伪"、"堕落"恰是这种虚无主义话语透显出的本质。

在所有对这种中国式的"虚无主义"的批判中,鲁迅展现了最为强烈的批判精神。他称这些中国式的"虚无主义者"是"做戏的虚无党",并对他们进行了猛烈抨击。所谓"做戏的虚无党",鲁迅这样说:"中国的一些人,至少是上等人,他们的对于神,宗教,传统的权威,是'信'和'从'呢,还是'怕'和'利用'?只要看他们的善于变化,毫无特操,是什么也不信从的,但总要摆出和内心两样的架子来。要寻虚无党,在中国实在很不少;和俄国的不同的处所,只在他们这么想,便这么说,这么做,我们的却虽然这样想,却是那么说,在后台这么做,到前台可那么做……"[3]这正指出了中国式的"虚无主义者"的本质——虚伪、善变、无特操,实际上就是孔孟所批评的"乡原"。

从这我们也可以看出,中国近代"虚无主义"话语在表达上的双重指向性:

---

[1] 超人:《中国的虚无主义》,《极光》1929 年第 4 期。
[2] 《虚无主义与理想主义》,《长虹周刊》1928 年第 11 期。
[3] 鲁迅:《华盖集续编·马上支日记》,北京:人民文学出版社,2006 年,第 155 页。

一方面虚无主义在本源意义上指向俄国文学中巴扎洛夫式的否定和反抗,这近似于唯物主义或实证主义的态度;而另一方面作为中国化了的指称,虚无主义对应于中国虚伪、堕落的人格现实,因而,在中国社会话语中,虚无主义又成为负面的话语形态,并进而被批判。这种就着"国民性"批判而对虚无主义的批判实际上也没有完全脱离革命话语的影响,"革命"要求"彻底改变"的内涵实际上也包含了人格方面的革新,革命依然充当着这种对虚无主义批判的正当性依据。

参考文献

1. 中文专著和译著

[1] 安东尼·吉登斯:《现代性的后果》,田禾译,南京:译林出版社,2000年。

[2] 安东尼·吉登斯:《现代性与内我认同:现代晚期的自我与社会》,赵旭东、方文译,北京:三联书店,1998年。

[3] 陈子美、张铁荣编:《周作人集外文》,海口:海南国际新闻出版中心,1995年。

[4] 程颐、程颢:《二程遗书》,上海:上海古籍出版社,2000年。

[5] 大卫·库尔珀:《纯粹现代性批判:黑格尔海德格尔及其以后》,臧佩洪译,北京:商务印书馆,2004年。

[6] 岛田虔次:《中国近代思维的挫折》,南京:江苏人民出版社,2005年。

[7] 邓晓芒、赵林:《西方哲学史》,北京:高等教育出版社,2005年。

[8] 丁守和主编:《辛亥革命时期期刊介绍》,北京:人民出版社,1983年。

[9] 费希特:《费希特著作选集》,北京:商务印书馆,1997年。

[10] 方以智:《物理小识》,北京:商务印书馆,1937年。

[11] 冯契:《冯契文集》(增订版)(11卷本),上海:华东师范大学出版社,2016年。

[12] 冯友兰:《贞元六书》,上海:华东师范大学出版社,1996年。

[13] 冯友兰:《中国现代哲学史》,广州:广东人民出版社,1999年。

[14] 付长珍:《宋儒境界论》,桂林:广西师范大学出版社,2017年。

[15] 李约瑟:《中国科学技术史》(第3卷),梅荣照等译,北京:科学出版社,2018年。

[16] 高瑞泉:《天命的没落——中国近代唯意志论思潮研究》,上海:上海人民出版社,1991年。

[17] 葛懋光等编:《无政府主义思想资料选》,北京:北京大学出版社,1984年。

[18] 龚自珍:《龚自珍全集》,王佩诤校,上海:上海古籍出版社,1999年。

[19]《管子校注》,黎翔凤撰,梁运华整理,北京:中华书局,2004年。

[20] 海德格尔:《存在与时间》,北京:商务印书馆,2015年。

[21] 海德格尔:《尼采》,孙周兴译,北京:商务印书馆,2010年。

[22] 黑格尔:《精神现象学》,北京:商务印书馆,1981年。

[23] 胡适:《胡适全集》,合肥:安徽教育出版社,2003年。

[24] 顾炎武著、黄汝成集释:《日知录集释》,栾保群、吕宗力点校,上海:上海古籍出版社,2006年。

[25] 黄宗羲:《黄梨洲文集》,北京:中华书局,2009年。

[26] 约翰·伯瑞:《进步的观念》,范祥涛译,上海:上海三联书店,2005年。

[27] 蒋俊、李兴芝:《中国近代的无政府主义思潮》,济南:山东人民出版社,1990年。

[28] 蒋路:《俄国文史采微》,北京:东方出版社,2003年。

[29] 金观涛、刘青峰:《观念史研究——中国现代重要政治术语的形成》,北京:法律出版社,2009年。

[30] 金岳霖:《论道》,北京:商务印书馆,2015年。

[31] 金岳霖:《知识论》,北京:商务印书馆,1983年。

[32] 凯伦·卡尔:《虚无主义的平庸化》,张红军、原学梅译,北京:社会科学文献出版社,2016年。

[33] 康有为:《大同书》,邝柏林选注,沈阳:辽宁人民出版社,1994年。

[34] 李德顺、孙伟平:《道德价值论》,昆明:云南人民出版社,2005年。

[35] 李泽厚:《中国现代思想史论》,北京:生活·读书·新知三联书店,2008年。

[36] 刘森林:《物与无——物化逻辑与虚无主义》,南京:江苏人民出版社,2013年。

[37] 刘小枫:《现代性社会理论绪论——现代性与中国》,上海:上海三联书店,1998年。

[38] 刘小枫:《拯救与逍遥》,上海:上海人民出版社,1988年。

[39] 刘小枫主编:《施特劳斯与古典政治哲学》,上海:上海三联书店,2002年。

[40] 鲁迅:《鲁迅全集》,北京:人民文学出版社,2005年。

[41] 马泰·卡林内斯库:《现代性的五副面孔》,顾爱彬、李瑞华译,北京:商务印书馆,2002年。

[42]《马克思恩格斯全集》第3卷,北京:人民出版社,1995年。

[43]《马克思恩格斯选集》第1卷,北京:人民出版社,1995年。

[44] 马克思:《1844年经济学哲学手稿》,北京:人民出版社,2000年。

[45] 马克思:《德意志意识形态批判》,北京:中央编译局,2009年。

[46] 马新宇:《辩证法与价值虚无主义》,北京:中国社会科学出版社,2015年。

[47] 康德:《纯粹理性批判》,邓晓芒译,北京:人民出版社,2004年。

[48] 康德:《历史理性批判文集》,何兆武译,北京:商务印书馆,1990年。

[49] 尼采:《权力意志》,孙周兴译,北京:商务印书馆,2007年。

[50]尼古拉斯·布宁、余纪元:《西方哲学英汉对照词典》,北京:人民出版社,2001年。

[51]彭漪涟:《化理论为方法　化理论为德性——对冯契一个哲学命题的思考与探索》,上海:上海人民出版社,2008年。

[52]彭漪涟:《心灵的自由思考》,上海:上海人民出版社,2010年。

[53]施蒂纳:《唯一者及其所有物》,北京:商务印书馆,1989年。

[54]司特普尼亚克:《俄国虚无主义运动史话》,巴金译,上海:文化生活出版社,1936年。

[55]斯坦利·罗森:《虚无主义:哲学反思》,马津译,上海:华东师范大学出版社,2019年。

[56]沙恩·韦勒:《现代主义与虚无主义》,张红军译,郑州:郑州大学出版社,2017年。

[57]西蒙·克里奇利:《解读欧陆哲学》,江怡译,北京:外语教学与研究出版社,2013年。

[58]孙周兴编:《海德格尔选集》,上海:三联书店,1996年。

[59]屠格涅夫:《父与子》,张冰、李毓榛译,北京:中国画报出版社,2016年。

[60]托马斯·L.汉金斯:《科学与启蒙运动》,任定成、张爱珍译,上海:复旦大学出版社,2000年。

[61]汤庭芬:《无政府主义思潮史话》,北京:社会科学文献出版社,2011年。

[62]唐忠宝:《虚无主义及其克服——马克思的启示》,北京:人民出版社,2014年。

[63]维拉·施瓦支:《中国的启蒙运动——知识分子与五四遗产》,李国英等译,吴景平校,太原:山西人民出版社,1989年。

[64]汪晖:《死火重温》,北京:人民文学出版社,2000年。

[65]王夫之:《船山全书》,长沙:岳麓书社,2011年。

[66]王俊:《于"无"深处的历史深渊》,杭州:浙江大学出版社,2009年。

[67]王向清、李伏清:《冯契"智慧"说探析》,北京:人民出版社,2012年。

[68]王向清:《冯契与马克思主义哲学中国化》,长沙:湘潭大学出版社,2008年。

[69]魏源:《海国图志》,陈华、黄绍温等点校,长沙:岳麓书社,1998年。

[70]谢维扬等主编:《王国维全集》,杭州:浙江教育出版社,2009年。

[71]信夫清三郎:《日本政治史》,吕万和等译,上海:上海译文出版社,1988年。

[72]徐光启:《徐光启集》,北京:中华书局,2014年。

[73]荀子:《荀子简释》,梁启雄撰,北京:中华书局,1983年。

[74]雅斯贝尔斯:《智慧之路》,柯锦华、范进译,北京:中国国际广播出版社,1988年。

[75]杨国荣:《成己与成物——意义世界的生成》,北京:北京师范大学出版社,2018年。

[76]杨丽婷:《虚无主义的审美救赎——阿多诺的启示》,北京:社会科学文献出版社,2015年。

[77]佘潇枫:《哲学人格》,长春:吉林教育出版社,1998年。

[78]张岱年:《心灵与境界》,西安:陕西师范大学出版社,2008年。

[79]张国义:《一个虚无主义者的再生——五四奇人朱谦之评传》,北京:中国文联出版社,2008年。

[80]张建业主编:《李贽全集注》,北京:社会科学文献出版社,2001年。

[81]张汝伦:《现代中国思想研究》,上海:上海人民出版社,2001年。

[82]张兴成:《虚无主义与现代性批判》,北京:人民出版社,2017年。

[83]张有奎:《资本逻辑与虚无主义》,北京:中国社会科学出版社,2017年。

[84]章太炎:《章太炎全集》,上海:上海人民出版社,1982—1994年。

[85]周国平:《尼采与形而上学》,北京:生活·读书·新知三联书店,2017年。

[86]周晓亮:《〈人性论〉导读》,成都:四川教育出版社,2002年。

[87]朱建刚:《十九世纪下半期俄国反虚无主义文学研究》,北京:北京大学出版社,2015年。

[88]朱杰人、严佐之、刘永翔主编:《朱子全书》,上海:上海古籍出版社,合肥:安徽教育出版社,2002年。

[89]朱谦之:《革命哲学》,上海:泰东书局,1927年。

[90]朱熹:《四书章句集注》,北京:中华书局,1983年。

[91]朱贻庭:《中国传统伦理思想史》(第四版),上海:华东师范大学出版社,2009年。

[92]朱义禄:《从圣贤人格到全面发展——中国理想人格探讨》,西安:陕西人民出版社,1992年。

[93]朱义禄:《逝去的启蒙——明清之际启蒙学者的文化心态》,郑州:河南人民出版社,1995年。

[94]邹诗鹏:《虚无主义研究》,北京:人民出版社,2017年。

[95]邹振环:《影响中国近代社会的一百种译作》,南京:江苏教育出版社,2008年。

[96]《简明不列颠百科全书》(第8卷),北京:中国大百科全书出版社,1986年。

[97]《哲学大辞典》,上海:上海辞书出版社,2001年。

2. 中文期刊论文

[98] 慈继伟:《虚无主义与伦理多元化》,《哲学研究》2000年第5期。

[99] 陈嘉明:《现代性的虚无主义——简论尼采的现代性批判》,《南京大学学报(哲学·人文科学·社会科学版)》2006年第3期。

[100] 陈赟:《虚无主义、诸神之争与价值的僭政——现代精神生活的困境》,《人文杂志》2007年第1期。

[101] 蔡志栋:《回应冯契哲学研究中的几个问题》,《学术界》2016年第5期。

[102] 蔡志栋:《金刚何为怒目?——冯契美学思想初论》,《华东师范大学学报(哲学社会科学版)》2005年第2期。

[103] 陈泽环:《转识成智和万物一体——论冯契、张世英的道德哲学》,《中共浙江省委党校学报》2005年第2期。

[104] 陈永杰:《直觉何为——冯契先生的直觉理论考察》,《新疆大学学报(哲学·人文社会科学版)》,2009年第2期。

[105] 邓先珍:《黑格尔与作为隐秘虚无主义的现代性》,《现代哲学》2011年第2期。

[106] 邓晓芒:《人格辨义》,《江海学刊》1989年第3期。

[107] 付长珍:《主体性觉醒与价值观导向的内在向度》,《探索与争鸣》2016年第9期。

[108] 高瑞泉:《作为时代的自我理解的哲学史研究——中国近现代哲学史研究的一个向度》,《哲学研究》2007年第5期。

[109] 顾红亮:《个别、个体与个性——论冯契的个人观》,《华东师范大学学报(哲学社会科学版)》2009年第2期。

[110] 顾红亮:《论冯契的中国近代哲学史书写》,《天府新论》2010年第1期。

[111] 顾红亮:《自由人格的可能性:以冯契为例》,《天津社会科学》2012年第2期。

[112] 贺来:《马克思的哲学变革与价值虚无主义课题》,《复旦学报(社会科学版)》2004年第6期。

[113] 贺来:《个人责任、社会正义与价值虚无主义的克服》,《哲学动态》2009年第8期。

[114] 贺来:《寻求价值信念的真实主体——反思与克服价值虚无主义的基本前提》,《社会科学战线》2012年第1期。

[115] 贺巍:《启蒙的缺憾——虚无主义向度探析》,《东岳论丛》2012年第8期。

[116] 贺照田:《从"潘晓讨论"看当代中国大陆虚无主义的历史与观念成因》,《开放时代》2010年第7期。

[117] 约翰·罗伯逊:《启蒙运动的再思考》,《华东师范大学学报(哲学社会科学版)》2017年第3期。

[118] 刘森林:《为什么要关注虚无主义问题》,《现代哲学》2013年第1期。

[119] 刘森林:《虚无主义的历史流变与当代表现》,《人民论坛·学术前沿》2015年第10期。

[120] 刘森林:《物与意义:虚无主义意蕴中隐含着的两个世界》,《中山大学学报(社会科学版)》2012年第4期。

[121] 刘森林:《〈启蒙辩证法〉与中国虚无主义》,《现代哲学》2009年第1期。

[122] 刘森林:《实践、辩证法与虚无主义》,《哲学研究》2010年第9期。

[123] 刘森林:《虚无主义的阶级论界定:从马克思看屠格涅夫》,《深圳大学学报(人文社会科学版)》2012年第2期。

[124] 刘森林:《虚无主义与马克思:一个再思考》,《马克思主义与现实》2010年第3期。

[125] 刘森林:《面向现实的无能:尼采论虚无主义的根源》,《学术月刊》2014年第12期。

[126] 刘雄伟:《马克思与虚无主义》,《福建论坛(人文社会科学版)》2016年第1期。

[127] 刘时工:《道德虚无主义和柏拉图的对策》,《华东师范大学学报(哲学社会科学版)》2003年第6期。

[128] 刘尚明:《现代性的隐忧:价值虚无主义》,《深圳大学学报(人文社会科学版)》2014年第1期。

[129] 刘贵祥:《尼采与海德格尔对虚无主义理解的差异》,《深圳大学学报(人文社会科学版)》2012年第2期。

[130] 李泽厚:《新儒学的隔世回响》,《天涯》1997年第1期。

[131] 李丕显:《冯契美学观的逻辑进路和理论品格——兼与实践美学的比较》,《华东师范大学学报(哲学社会科学版)》2007年第2期。

[132] 李伏清:《论冯契对人的本质的构造》,《探索与争鸣》2008年第4期。

[133] 林孝瞭:《冯契对马克思主义自由理论的推进》,《求索》2008年第6期。

[134] 林孝瞭:《从政治自由到哲学自由——冯契自由理论的历史发展》,《现代哲学》2008年第4期。

[135] 李维武:《马克思主义哲学中国化与中国哲学的两种传统》,《江汉论坛》2008年第11期。

[136] 陆玉珍:《冯契智慧论——基于古代中西方智慧的理论创新》,《长春工程学院

学报》2010年第11期。

[137]刘静芳:《价值论研究:从张岱年到冯契》,《华东师范大学学报(哲学社会科学版)》2011年第1期。

[138]李伏清:《"天人合一"与冯契的智慧说》,《江西社会科学》2012年第4期。

[139]马新宇:《虚无主义之类型、体相与思维方式——以西方哲学为语境的考察》,《人文杂志》2016年第8期。

[140]马德邻:《艺术:作为理想的现实——论冯契的美学思想及其当代价值》,《华东师范大学学报(哲学社会科学版)》2006年第2期。

[141]庞楠:《价值虚无主义与价值秩序建构》,《深圳大学学报(人文社会科学版)》2012年第1期。

[142]彭漪涟:《冯契"化理论为方法"基本思想探析》,《华东师范大学学报(哲学社会科学版)》2005年第2期。

[143]孙亮:《在"哲学与现实"之间重审价值虚无的困境——对虚无主义阐释的形而上学路径批判》,《社会科学辑刊》2014年第9期。

[144]宋友文:《重思虚无主义问题的价值学理路》,《天津社会科学》2009年第5期。

[145]宋志明:《对马克思主义哲学的历史选择——兼论冯契的人格理念》,《教学与研究》2005年第4期。

[146]陶富源:《现代虚无主义的方法论批判》,《哲学研究》2016年第11期。

[147]涂瀛:《极权主义与虚无主义——阿伦特基于存在立场的思考》,《山东社会科学》2014年第8期。

[148]吴宁:《现代性和虚无主义》,《现代哲学》2010年第9期。

[149]王升平:《价值相对主义与虚无主义:从罗尔斯到桑德尔——一种基于施特劳斯理论视角的考察》,《理论界》2012年第7期。

[150]王恒:《虚无主义:尼采与海德格尔》,《南京社会科学》2000年第8期。

[151]汪晖:《当代中国的思想状况与现代性问题》,《文艺争鸣》1998年第6期。

[152]吴根友:《一个二十世纪中国哲学家的做人理想——冯契"平民化自由人格"说浅绎》,《学术月刊》1996年第3期。

[153]王向清:《化理论为德性》,《社会科学家》2005年第6期

[154]王向清、余华:《冯契的人生理想学说》,《社会科学家》2006年第3期。

[155]王向清、崔治忠:《冯契"智慧"说中的评价理论》,《学习论坛》2006年第6期。

[156]王向清:《论冯契的理想学说》,《中国哲学史》2006年第4期。

[157]王向清、李伏清:《超越科学主义和人文主义的对峙——冯契的"智慧说"解

读》,《贵州社会科学》2007年第1期。

[158]王向清:《冯契的自由学说及其理论意义》,《湖南师范大学社会科学学报》2008年第1期。

[159]王向清、余华:《冯契的道德理想学说》,《湘潭大学学报(哲学社会科学版)》2008年第2期。

[160]王向清、张梦飞:《冯契的"转识成智"学说及其理论意义》,《湘潭大学学报(哲学社会科学版)》2010年第3期。

[161]王向清:《冯契对20世纪中国哲学的贡献》,《哲学研究》2010年第10期。

[162]徐复观:《中国的虚无主义》,《华侨日报》1961年6月19、20日。

[163]许春:《如何理解"知识论的态度"和"元学的态度"——从冯契回到金岳霖》,《河北学刊》2016年第3期。

[164]余虹:《虚无主义——我们的深渊与命运?》,《学术月刊》2006年第7期。

[165]袁祖社:《虚无主义的文化镜像与当代中国"自我经验"实践的困境——"事实"与"价值"的深度分离及其历史性后果》,《陕西师范大学学报(哲学社会科学版)》2009年第6期。

[166]袁祖社:《"虚无主义"的价值幻象与人文精神重建的当代主题——"私人性生存"与"公共性生存"的紧张及其化解》,《华中科技大学学报(社会科学版)》2009年第1期。

[167]杨丽婷:《论虚无主义与当代中国的关系图景》,《广东社会科学》2015年第2期。

[168]杨丽婷:《论当代中国克服虚无主义的实践资源》,《江苏社会科学》2015年第3期。

[169]杨丽婷:《技术与虚无主义——海德格尔对现代性的生存论审思》,《深圳大学学报(人文社会科学版)》2012年第2期。

[170]杨丽婷:《"虚无主义"及其争辩——一种思想性的梳理》,《现代哲学》2012年第5期。

[171]仰海峰:《虚无主义问题:从尼采到鲍德里亚》,《现代哲学》2009年第5期。

[172]杨国荣:《超越非对称:中西哲学互动的历史走向》,《华东师范大学学报(哲学社会科学版)》2018年第6期。

[173]杨国荣:《世界哲学视域中的智慧说——冯契与走向当代的中国哲学》,《学术月刊》2016年第2期。

[174]杨国荣:《冯契的哲学沉思——以广义认识论为视域》,《文汇报》2005年11月

13日第8版。

[175] 杨国荣:《回归智慧——近30年中国哲学研究概览》,《华东师范大学学报(哲学社会科学版)》2008年第11期。

[176] 杨国荣:《中国哲学史:问题与视域》,《哲学分析》2010年第6期。

[177] 郁振华:《具体的形而上学:金冯学脉的新开展》,《哲学动态》2013年第5期。

[178] 邹诗鹏:《虚无主义的现代性病理机制》,《河北学刊》2016年第2期。

[179] 邹诗鹏:《现代哲学虚无主义概念之分疏与辨析》,《当代中国价值观研究》2016年第3期。

[180] 邹诗鹏:《文明的力量——防御虚无主义的六大原则》,《学术月刊》2014年第8期。

[181] 张凤阳:《论虚无主义价值观及其文化效应》,《南京大学学报(哲学人文科学社会科学版)》2003年第6期。

[182] 张宇:《现代性视域中的伦理困境——价值虚无主义的前因后果》,《理论探讨》2015年第1期。

[183] 张庆熊:《"虚无主义"和"永恒轮回"从尼采的问题意识出发的一种考察》,《复旦学报(社会科学版)》2010年第3期。

[184] 朱国华:《选择严冬——对鲁迅虚无主义的一种解读》,《文艺争鸣》2000年第3期。

[185] 章启群:《中国当代虚无主义之诞生》,《中华读书报》2010年第8期。

[186] 张汝伦:《创新、超越与局限——试论冯契的广义认识论》,《复旦学报(社科版)》2011年第3期。

[187] 赵修义:《"价值导向":地道的中国话语》,《探索与争鸣》2016年第9期。

[188] 朱贻庭:《社会价值重建要坚持价值导向的大众方向》,《探索与争鸣》2016年第9期。

[189] 张天飞:《冯契先生的哲学研究路向》,《华东师范大学学报(哲学社会科学版)》2005年第2期。

[190] 赵修义、朱贻庭:《如何从哲学上解读"解放思想"》,《毛泽东邓小平理论研究》2008年第9期。

[191] 张汝伦:《重思智慧》,《杭州师范大学学报(社会科学版)》2010年第3期。

[192] 韩东屏:《德性伦理学的迷思》,《哲学动态》2019年第3期。

[193] 陈来:《〈礼记·儒行篇〉的历史诠释与时代意义》,《山东大学学报(哲学社会科学版)》2020年第2期。

3. 学术论文集和博士学位论文

[194] 华东师范大学哲学系编:《理论、方法和德性——纪念冯契》,上海:学林出版社,1996年。

[195]《冯契百年诞辰论文集》,上海,2015年11月。

[196]《"世界性的百家争鸣与中国哲学自信"专辑》,《华东师范大学学报(哲学社会科学版)》2016年第3期。

[197] 杨国荣主编:《知识与智慧:冯契哲学研究论文集(1996—2005)》,上海:华东师范大学出版社,2005年。

[198] 杨国荣主编:《追寻智慧——冯契哲学思想研究》,上海:上海古籍出版社,2007年。

[199] 赵林、邓守成主编:《启蒙与世俗化:东西方现代化历程》,武汉:武汉大学出版社,2008年。

[200] 李锦招:《人的成长和人格理想——冯契智慧说与霍韬晦如实观之比较研究》,上海:华东师范大学,2004年。

[201] 王升平:《自然正当、虚无主义与古典复归——"古今之争"视域中的施特劳斯政治哲学思想研究》,上海:复旦大学,2011年。

[202] 王俊:《于"无"深处的历史深渊——以海德格尔哲学为范例的虚无主义研究》,杭州:浙江大学,2005年。

[203] 闫世东:《当代中国社会价值虚无现象研究》,石家庄:河北师范大学,2013年。

[204] 杨宏祥:《现代虚无主义的生存论批判》,长春:东北师范大学,2017年。

[205] 杨哲:《中国虚无主义问题研究》,北京:中国人民大学,2017年。

[206] 张欢欢:《价值虚无主义的批判与超越——现代性背景下马克思的价值之思》,长春:吉林大学,2015年。

[207] 张国义:《朱谦之学术研究》,上海:华东师范大学,2004年。

[208] 贺曦:《冯友兰冯契理想人格比较研究》,天津:南开大学,2012年。

[209] 林孝瞵:《冯契自由理论研究》,上海:华东师范大学,2004年。

4. 英文文献

[210] Helmut Thielecke. *Nihilism: Its Origin and Nature, with a Christian Answer.* John W. Doberstein, trans. New York: Schocken Books, 1969.

[211] Jenifer Speake, ed. *A Dictionary of Philosophy.* London: Pan Books, Ltd. 1979.

[212] Johan Goudsblom. *Nihilism and Culture.* Oxford: Basil Blackwell, 1980.

[213] Karl Lowith. *Martin Heidegger and European Nihilism*. Gary Steiner, trans. Columbia: Columbia university press, 1995.

[214] Michael Allen Gillespie. *Nihilism before Nietzsche*. University of Chicago Press, 1996.

[215] Richard Rorty. *Philosophy and phenomenology*. London: Croom Helm, 1986.

[216] *Oxford Dictionary of Philosophy*. Shanghai Foreign Language Education Press, 1996.

[217] Stanley Rosen. *Nihilism: A Philosophical Essay*. Yale University Press, 1993.

[218] Simon Critchley. *Continental Philosophy, A Very Short Introduction*. Oxford University Press, 2001.

[219] Donald A. Crosby. *The Specter of the Absurd: Sources and Criticisms of Modern Nihilism*. Albany: State University of New York Press, 1988.

[220] Eugene (Fr. Seraphim) Rose. *Nihilism: The Root of the Revolution of the Modern Age*. St. Herman of Alaska Brotherhood, 2001.

[221] G. E. M. Anscombe, "*Modern Moral Philosophy*", *Philosophy* 33(1958).

5.近代虚无主义讨论文献

[222]安藤虎雄译:《弹压虚无党议》,《译书公会报》1897年第2期。

[223]国民新报:《弹压虚无党议》,《时务月报》1898年第6期。

[224]《论俄罗斯虚无党》,《新民丛报》1903年第40、41号合刊。

[225]辕孙:《露西亚虚无党》,《江苏》1903年第4期。

[226]辕孙:《露西亚虚无党》,《江苏》1903年第5期。

[227]《尼采氏之学说》,《教育世界》,1904年。

[228]周作人:《论俄国革命与虚无主义之别》,《天义报》第11、12期合刊,1907年11月30日。

[229]渊实:《虚无党小史》,《民报》(东京)1907年第11期。

[230]《帝王暗杀之时代》,无首译,《民报》1908年第21号。

[231]《法国之非军国主义》,《东方杂志》1914年第11卷第6期。

[232]君实:《俄国社会主义运动之变迁》,《东方杂志》1918年第15卷第4期。

[233]朱谦之:《虚无主义的哲学》,《新中国》1919年第1卷第8期。

[234]朱谦之:《虚无主义与老子》,《新中国》1920年第2卷第1、2期。

[235]朱谦之:《现代思潮批评》,《新中国》1920年。

[236]陈敩:《虚无主义的研究》,《东方杂志》1920年第17卷第24期。

[237]陈独秀:《随感录(八四)》,《新青年》1920年第8卷第1期。

[238]侍桁:《虚无主义的解说》,《语丝》1928年第4卷25期。

[239]《虚无主义与理想主义》,《长虹周刊》1928年第11期。

[240]超人:《中国的虚无主义》,《极光》1929年第4期。

[241]钟兆麟:《什么叫做虚无主义》,《国立中央大学半月刊》1930年第1卷第6期。

[242]浡浡:《虚无主义的信徒们》,《燕大周刊》1932年第4期。

[243]《名词浅释·虚无主义(答邹启元君)》,《读书生活》1935年第2卷第8期。

[244]周作人:《关于克鲁泡特金与勃兰兑思》,《宇宙风》第55期,1937年12月21日。

[245]乐天:《名词浅释·虚无主义》,《自修》1942年第204期。

[246]石公:《虚无主义者群》,《民主政治》1945年创刊号。

[247]蔡尚思,《再评李季的老庄封建说》,《求真杂志》1946年第1卷第4期。

后　记

本书是我在博士论文的基础上修改而成的。

还记得论文初稿完成的那一刻,心中就像打翻了五味瓶,各种滋味都涌上心头,既有一种完成任务的释然和喜悦,同时又有一股莫名的悲伤和惴惴不安。当时感觉读博大概是最能摧毁人的"志气"的事情了,当年那个初入大学校园时意气风发的青年,毕业已是而立之年,却终于活出了一种"丧家犬"的感觉,茫茫然不知所措。"先立乎其大",大学的时候将之立为我的人生信条之一,初读博士的时候还时常与人谈起,而今虽不曾忘却,但不再敢轻易地说出去。做博士论文的过程,让我真正感受到了知识之浩瀚,为学之艰难,感受到自己的无知与渺小,认识到自己能力的局限,甚至有时候还会有些无能为力之感。如果自己现在做的工作哪怕有一点点真正的贡献被认可,我便真的欣然满足,而想到"立乎其大",则不免有点想而生畏了。

茫茫然不知所措,又促使我复追问人生意义何所在。虚无主义大概就是这样的一个无法逃避的现实,在精神苦闷的某个瞬间总会闪现出来。现在,我愈发体会到这一问题的重要,却不敢说自己给出了令人信服的满意答案。不过关键也许不在于答案,而在于问题本身。一个完全摆脱了虚无主义困扰的人生和完全陷入虚无主义而不能自拔的人生都是可怖的。单纯从学术的角度看,本书顺着虚无主义概念的发展逻辑,尝试在冯契先生那里寻求应对虚无主义的回答。而就我自身而言,更加感念于的却是冯先生思想本身的魅力或者说是这些思想背后所透显出的人格魅力。"不管处境如何,始终保持心灵的自由思考,是爱智者的本色。"这种对自由理想的坚定信念,就像虚无主义的无尽深渊中的一点光,在人生茫然的时刻由此找到希望和方向。

"不积跬步无以至千里,不积小流无以成江海",感千里之遥、江河之大而畏乎"立其大",挫锐气大概是读博的一种常态。但从有到无本身或许就是一种磨炼,涅槃才得重生。以前一无所有,便是只有志气,想"民胞物与",想"安得广厦千万间,大庇天下寒士俱欢颜",终是到了要建设自己的立锥之地的时候了,志气虽不可失,但底气也尤显重要,博士论文便应该是这底气所在。而今工作之后,才更觉得博士论文完成时的怅然恰是新的开始的起点。

回首博士研究生学习生活期间,得到了太多人的关心和帮助,这才使得博士论文能够完成,也才可能有了呈现在大家面前的这本书,在这里要向他们致上我深深的谢意。

首先,感谢我的恩师付长珍教授,不论是学习研究上还是生活上,付老师都给了我非常多的支持。在上海社会科学院读硕士的一个好处就是第一年是在华东师范大学学习生活的,因此有幸得以聆听付老师的课程,付老师富有启发性的授课令我获益匪浅,对中国伦理学产生了极大的兴趣。后来下决心读博士,也幸得付老师眷顾,正式成为她门下学生。博士还未正式入学,就在付老师的督促下开始探索博士期间的研究规划,也正是在她的引导下开始关注冯契哲学,探索冯先生的伦理思想。博士论文从选题到框架安排乃至于遣词造句,都离不开她悉心的指导。不只是论文,小到写电子邮件和填各种申请表格,大到参与组织各种学术会议,付老师都真诚地给我以指导,让我在各个方面都有机会得到提升和锻炼。而且由于地理上的某些便利,相比同门的其他同学,我有更多的机会能跟付老师交流,每次总能从她宽阔的学术视野中受到非常多的启发。从付老师那里获得了太多,作为学生,常常觉得愧对恩师,自己所做的实在太少。虽然再多的感谢都不足以回报恩师之万一,但这里还是要由衷地对恩师说一声"谢谢"。

其次,感谢华东师范大学哲学系各位给过我帮助的老师。感谢朱贻庭老师,有幸陪他同去参加罗国杰伦理学教育基金会的颁奖,来回路上曾谈及论文选题的问题,获益良多;感谢伦理学教研室的葛四友老师、颜青山老师、蔡蓁老师、刘时工老师、张荣南老师、王韬洋老师,感谢刘梁剑老师、陈乔见老师和郁振华老师,感谢他们在博士论文写作上给予的意见、建议和鼓励;感谢伍娟老师、李鑫老师、陈霞老师,博士生涯学习之外太多烦琐的事务上得益于他们的付出和帮助;听过的每一门课、每一次讲座,参加的每一次学术会议,都从太多的老师那里获益,在这里也向他们致上我最真挚的谢意。特别感谢的是我的硕士导师陆晓禾教授,这些年一直关心我的学习和工作;还要特别感谢参与我论文答辩的邓安庆教授和陈泽环教授,他们给我的论文提了很多宝贵的意见,这也成了本书基于博士论文修改的重要参考。

再次,感谢我的同窗学友。除了学习知识,结交几个志同道合的朋友可能是最大的乐事了。亚里士多德说,朋友是另外一个自己,从他们身上我学到了很多的东西,不论是博士论文的写作,还是校园生活,他们都给我提供了很多的帮助。特别感谢郦平、王振钰、张荣荣、胡建萍、徐亚州、张望玉、李雁华、陈夏青、丁洪然、李晓哲、耿芳朝、刘龙、黄家光、章含舟、陆鹏杰等哲学系的学友,硕士期间的同学王季峰、王殿夏、杜晨,以及其他很多在生活中给予我支持的小伙伴,这里一并向他们表示感谢。

最后,感谢一直陪伴我的家人们,包括我的妻付迎春和儿子王予之,还有远在家乡的父母以及岳父岳母,生活中他们给了我很多的支持,让我能够安心于学术研究。

论文写作也离不开前辈研究者的已有研究,本书参考借鉴了许多专家学者的研究成果,虽然与其中大多数的学者未曾谋面,但从他们的成果中获益颇多。文中尽量注明所引用的研究者,但是有些受益的观点也可能未一一列明,这里一并向他们致上真诚的谢意。

本书在博士论文基础上的拓展研究得到了上海市哲学社会科学青年课题"冯契伦理思想研究"(项目编号:2020EZX007)的项目资助,同时本书的出版也得到了教育部新文科研究与改革实践项目《交叉融合——新文科背景下商科类专业提升与再造》(项目编号:2021050039)的经费资助,教务处的熊平安处长给予我巨大的支持,也对这些资助和帮助表示感谢。

由于本人能力所限,本书还存在诸多的问题和不足,在很多方面还有待进一步拓展,敬请各位读者批评指正。

王成峰
2023 年秋于上海